网络安全运营服务能力指南

九维彩虹团队之
网络安全体系架构

范渊 主 编

袁明坤 执行主编

电子工业出版社·

Publishing House of Electronics Industry

北京·BEIJING

内 容 简 介

近年来，随着互联网的发展，我国进一步加强对网络安全的治理，国家陆续出台相关法律法规和安全保护条例，明确以保障关键信息基础设施为目标，构建整体、主动、精准、动态防御的网络安全体系。

本套书以九维彩虹模型为核心要素，分别从网络安全运营（白队）、网络安全体系架构（黄队）、蓝队"技战术"（蓝队）、红队"武器库"（红队）、网络安全应急取证技术（青队）、网络安全人才培养（橙队）、紫队视角下的攻防演练（紫队）、时变之应与安全开发（绿队）、威胁情报驱动企业网络防御（暗队）九个方面，全面讲解企业安全体系建设，解密彩虹团队非凡实战能力。

本分册是黄队分册。黄队是网络安全运营彩虹团队的核心组成部分，黄队负责对网络安全运营体系进行构建和规划，指导其他团队进行安全运营的落地。

网络安全最终是人与人之间的战争，网络安全体系构建是自顶向下，从全局出发，最终目标是保护数字资产，保障业务安全运行，支撑企业 IT 战略。

图书在版编目（CIP）数据

网络安全运营服务能力指南. 九维彩虹团队之网络安全体系架构 / 范渊主编. —北京：电子工业出版社，2022.5

ISBN 978-7-121-43428-0

Ⅰ．①网… Ⅱ．①范… Ⅲ．①计算机网络 – 网络安全 Ⅳ．①TP393.08

中国版本图书馆 CIP 数据核字(2022)第 086733 号

责任编辑： 张瑞喜
印　　刷： 中国电影出版社印刷厂
装　　订： 中国电影出版社印刷厂
出版发行： 电子工业出版社
　　　　　 北京市海淀区万寿路 173 信箱　邮编：100036
开　　本： 787×1092　1/16　印张：94.5　字数：2183 千字
版　　次： 2022 年 5 月第 1 版
印　　次： 2022 年 11 月第 2 次印刷
定　　价： 298.00 元（共 9 册）

凡所购买电子工业出版社图书有缺损问题，请向购买书店调换。若书店售缺，请与本社发行部联系，联系及邮购电话：（010）88254888，88258888。

质量投诉请发邮件至 zlts@phei.com.cn，盗版侵权举报请发邮件至 dbqq@phei.com.cn。

本书咨询联系方式：zhangruixi@phei.com.cn。

本书编委会

主　　编：范　渊

执行主编：袁明坤

执行副主编：

王　拓　　蔡　鼎　　韦国文　　苗春雨　　杨方宇

秦永平　　杨　勃　　刘蓝岭　　孙传闯　　朱尘炀

黄队分册编委：

陈彦羽　　段庚龙　　侯　亮　　何　瑶　　李　兵

李春雨　　刘　强　　李帅帅　　刘　奕　　苗　雨

宁　宇　　苏启波　　王　琦　　王　勇　　徐冰清

徐　礼　　俞　斌　　杨廷锋　　张海成　　钟晓骏

张　斌　　张雅坤

《网络安全运营服务能力指南》

总 目

推荐序

2016 年以来，国内组织的一系列真实网络环境下的攻防演习显示，半数甚至更多的防守方的目标被攻击方攻破。这些参加演习的单位在网络安全上的投入并不少，常规的安全防护类产品基本齐全，问题是出在网络安全运营能力不足，难以让网络安全防御体系有效运作。

范渊是网络安全行业"老兵"，凭借坚定的信念与优秀的领导能力，带领安恒信息用十多年时间从网络安全细分领域厂商成长为国内一线综合型网络安全公司。袁明坤则是一名十多年战斗在网络安全服务一线的实战经验丰富的"战士"。他们很早就发现了国内企业网络安全建设体系化、运营能力方面的不足，在通过网络安全态势感知等产品、威胁情报服务及安全服务团队为用户赋能的同时，在业内率先提出"九维彩虹团队"模型，将网络安全体系建设细分成网络安全运营（白队）、网络安全体系架构（黄队）、蓝队"技战术"（蓝队）、红队"武器库"（红队）、网络安全应急取证技术（青队）、网络安全人才培养（橙队）、紫队视角下的攻防演练（紫队）、时变之应与安全开发（绿队）、威胁情报驱动企业网络防御（暗队）九个战队的工作。

由范渊主编，袁明坤担任执行主编的《网络安全运营服务能力指南》，是多年网络安全一线实战经验的总结，对提升企业网络安全建设水平，尤其是提升企业网络安全运营能力很有参考价值！

赛博英杰创始人　谭晓生

楚人有鬻盾与矛者，誉之曰："吾盾之坚，物莫能陷也。"又誉其矛曰："吾矛之利，于物无不陷也。"或曰："以子之矛陷子之盾，何如？"其人弗能应也。众皆笑之。夫不可陷之盾与无不陷之矛，不可同世而立。（战国·《韩非子·难一》）

近年来网络安全攻防演练对抗，似乎也有陷入"自相矛盾"的窘态。基于"自证清白"的攻防演练目标和走向"形式合规"的落地举措构成了市场需求繁荣而商业行为"内卷"的另一面。"红蓝对抗"所面临的人才短缺、环境成本、风险管理以及对业务场景深度融合的需求都成为其中的短板，类似军事演习中的导演部，负责整个攻防对抗演习的组织、导调以及监督审计的价值和重要性呼之欲出。九维彩虹团队的《网络安全运营服务能力指南》套书，及时总结国内优秀专业安全企业基于大量客户网络安全攻防实践案例，从紫队视角出发，基于企业威胁情报、蓝队技战术以及人才培养方面给有构建可持续发展专业安全运营能力需求的甲方非常完整的框架和建设方案，是网络安全行动者和责任使命担当者秉承"君子敏于行"又勇于"言传身教 融会贯通"的学习典范。

华为云安全首席生态官　万涛（老鹰）

安全服务是一个持续的过程，安全运营最能体现"持续"的本质特征。解决思路好不好、方案设计好不好、规则策略好不好，安全运营不仅能落地实践，更能衡量效果。目标及其指标体系是有效安全运营的前提，从结果看，安全运营的目标是零事故发生；从成本和效率看，安全运营的目标是人机协作降本提效。从"开始安全"到"动态安全"，再到"时刻安全"，业务对安全运营的期望越来越高。毫无疑问，安全运营已成为当前最火的安全方向，范畴也在不断延展，由"网络安全运营"到"数据安全运营"，再到"个人信息保护运营"，既满足合法合规，又能管控风险，进而提升安全感。

这套书涵盖了九大方向，内容全面深入，为安全服务人员、安全运营人员及更多对安全运营有兴趣的人员提供了很好的思路参考与知识点沉淀。

滴滴安全负责人　王红阳

"红蓝对抗"作为对企业、组织和机构安全体系建设效果自检的重要方式和手段，近年来越来越受到甲方的重视，因此更多的甲方在人力和财力方面也投入更多以组建自己的红队和蓝队。"红蓝对抗"对外围的人更多是关注"谁更胜一筹"的结果，但对企业、组织和机构而言，如何认识"红蓝对抗"的概念、涉及的技术以及基本构成、红队和蓝队如何组建、面对的主流攻击类型，以及蓝队的"防护武器平台"等问题，都将是检验"红蓝对抗"成效的决定性因素。

这套书对以上问题做了详尽的解答，从翔实的内容和案例可以看出，这些解答是经过无数次实战检验的宝贵技术和经验积累；这对读者而言是非常有实操的借鉴价值。这是一套由安全行业第一梯队的专业人士精心编写的网络安全技战术宝典，给读者提供全面丰富而且系统化的实践指导，希望读者都能从中受益。

雾帜智能CEO　黄　承

网络安全是一项系统的工程，需要进行安全规划、安全建设、安全管理，以及团队成员的建设与赋能，每个环节都需要有专业的技术能力，丰富的实战经验与积累。如何通过实战和模拟演练相结合，对安全缺陷跟踪与处置，进行有效完善安全运营体系运行，以应对越来越复杂的网络空间威胁，是目前网络安全面临的重要风险与挑战。

九维彩虹团队的《网络安全运营服务能力指南》套书是安恒信息安全服务团队在安全领域多年积累的理论体系和实践经验的总结和延伸，创新性地将网络安全能力从九个不同的维度，通过不同的视角分成九个团队，对网络安全专业能力进行深层次的剖析，形成网络安全工作所需要的具体化的流程、活动及行为准则。

以本人20多年从事网络安全一线的高级威胁监测领域及网络安全能力建设经验来看，此套书籍从九个不同维度生动地介绍网络安全运营团队实战中总结的重点案例、深入浅出讲解安全运营全过程，具有整体性、实用性、适用性等特点，是网络安全实用必备宝典。

该套书不仅适合企事业网络安全运营团队人员阅读，而且也是有志于从事网络安全从业人员的应读书籍，同时还是网络安全服务团队工作的参考指导手册。

神州网云CEO　宋　超

"数字经济"正在推动供给侧结构性改革和经济发展质量变革、效率变革、动力变革。在数字化推进过程中，数字安全将不可避免地给数字化转型带来前所未有的挑战。2022年国务院《政府工作报告》中明确提出，要促进数字经济发展，加强数字中国建设整体布局。然而当前国际环境日益复杂，网络安全对抗由经济利益驱使的团队对抗，上升到了国家层面软硬实力的综合对抗。

安恒安全团队在此背景下，以人才为尺度；以安全体系架构为框架；以安全技术为核心；以安全自动化、标准化和体系化为协同纽带；以安全运营平台能力为支撑力量着手撰写此套书。从网络安全能力的九大维度，融会贯通、细致周详地分享了安恒信息15年间积累的安全运营及实践的经验。

悉知此套书涵盖安全技术、安全服务、安全运营等知识点，又以安全实践经验作为丰容，是一本难得的"数字安全实践宝典"。一方面可作为教材为安全教育工作者、数字安全学子、安全从业人员提供系统知识、传递安全理念；另一方面也能以书中分享的经验指导安全乙方从业者、甲方用户安全建设者。与此同时，作者以长远的眼光来严肃审视国家数字安全和数字安全人才培养，亦可让国家网

络空间安全、国家关键信息基础设施安全能力更上一个台阶。

安全玻璃盒【孝道科技】创始人　范丙华

网络威胁已经由过去的个人与病毒制造者之间的单打独斗，企业与黑客、黑色产业之间的有组织对抗，上升到国家与国家之间的体系化对抗；网络安全行业的发展已经从技术驱动、产品实现、方案落地迈入到体系运营阶段；用户的安全建设，从十年前以"合规"为目标解决安全有无的问题，逐步提升到以"实战"为目标解决安全体系完整、有效的问题。

通过近些年的"护网活动"，甲乙双方（指网络安全需求方和网络安全解决方案提供方）不仅打磨了实战产品，积累了攻防技战术，梳理了规范流程，同时还锻炼了一支安全队伍，在这几者当中，又以队伍的培养、建设、管理和实战最为关键，说到底，网络对抗是人和人的对抗，安全价值的呈现，三分靠产品，七分靠运营，人作为安全运营的核心要素，是安全成败的关键，如何体系化地规划、建设、管理和运营一个安全团队，已经成为甲乙双方共同关心的话题。

这套书不仅详尽介绍了安全运营团队体系的目标、职责及它们之间的协作关系，还分享了团队体系的规划建设实践，更从侧面把安全运营全生命周期及背后的支持体系进行了系统梳理和划分，值得甲方和乙方共同借鉴。

是为序，当践行。

白　日

过去 20 年，伴随着我国互联网基础设施和在线业务的飞速发展，信息网络安全领域也发生了翻天覆地的变化。"安全是组织在经营过程中不可或缺的生产要素之一"这一观点已成为公认的事实。然而网络安全行业技术独特、概念丛生、迭代频繁、细分领域众多，即使在业内也很少有人能够具备全貌的认知和理解。网络安全早已不是黑客攻击、木马病毒、0day 漏洞、应急响应等技术词汇的堆砌，也不是人力、资源和工具的简单组合，在它的背后必须有一套标准化和实战化的科学运营体系。

相较于发达国家，我国网络安全整体水平还有较大的差距。庆幸的是，范渊先生和我的老同事袁明坤先生所带领的团队在这一领域有着长期的深耕积累和丰富的实战经验，他们将这些知识通过《网络安全运营服务能力指南》这套书进行了系统化的阐述。

开卷有益，更何况这是一套业内多名安全专家共同为您打造的知识盛筵，我极力推荐。该套书从九个方面为我们带来了安全运营完整视角下的理论框架、专业知识、攻防实战、人才培养和体系运营等，无论您是安全小白还是安全专家，都值得一读。期待这套书能为我国网络安全人才的培养和全行业的综合发展贡献力量。

傅　奎

管理安全团队不是一个简单的任务，如何在纷繁复杂的安全问题面前，找到一条最适合自己组织环境的路，是每个安全从业人员都要面临的挑战。

如今的安全读物多在于关注解决某个技术问题。但解决安全问题也不仅仅是技术层面的问题。企业如果想要达到较高的安全成熟度，往往需要从架构和制度的角度深入探讨当前的问题，从而设计出更适合自身的解决方案。从管理者的角度，团队的建设往往需要依赖自身多年的从业经验，而目前的市面上，并没有类似完整详细的参考资料。

这套书的价值在于它从团队的角度，详细地阐述了把安全知识、安全工具、安全框架付诸实践，最后落实到人员的全部过程。对于早期的安全团队，这套书提供了指导性的方案，来帮助他们确定未来的计划。对于成熟的安全团队，这套书可以作为一个完整详细的知识库，从而帮助用户发现自身的不足，进而更有针对性地补齐当前的短板。对于刚进入安全行业的读者，这套书可以帮助你了解到企业安全的组织架构，帮助你深度地规划未来的职业方向。期待这套书能够为安全运营领域带来进步和发展。

Affirm 前安全主管　王亿韬

随着网络安全攻防对抗的不断升级，勒索软件等攻击愈演愈烈，用户逐渐不满足于当前市场诸多的以合规为主要目标的解决方案和产品，越来越关注注重实际对抗效果的新一代解决方案和产品。

安全运营、红蓝对抗、情报驱动、DevSecOps、处置响应等面向真正解决一线对抗问题的新技术正成为当前行业关注的热点，安全即服务、云服务、订阅式服务、网络安全保险等新的交付模式也正对此前基于软硬件为主构建的网络安全防护体系产生巨大冲击。

九维彩虹团队的《网络安全运营服务能力指南》套书由网络安全行业知名一线安全专家编写，从理论、架构到实操，完整地对当前行业关注并急需的领域进行了翔实准确的介绍，推荐大家阅读。

赛博谛听创始人　金湘宇

/NUKE

企业做安全，最终还是要对结果负责。随着安全实践的不断深入，企业安全建设，正在从单纯部署各类防护和检测软硬件设备为主要工作的"1.0 时代"，逐步走向通过安全运营提升安全有效性的"2.0 时代"。

虽然安全运营话题目前十分火热，但多数企业的安全建设负责人对安全运营的内涵和价值仍然没有清晰认知，对安全运营的目标范围和实现之路没有太多实践经历。我们对安全运营的研究不是太多了，而是太少了。目前制约安全运营发展的最大障碍有以下三点。

一是安全运营的产品与技术仍很难与企业业务和流程较好地融合。虽然围绕安全运营建设的自动化工具和流程，如 SIEM/SOC、SOAR、安全资产管理（S-CMDB），安全有效性验证等都在蓬勃发展，但目前还是没有较好的商业化工具，能够结合企业内部的流程和人员，提高安全运营效率。

二是业界对安全运营尚未形成统一的认知和完整的方法论。企业普遍缺乏对安全运营的全面理解，安全运营组织架构、工具平台、流程机制、有效性验证等落地关键点未成体系。大家思路各异，没有形成统一的安全运营标准。

三是安全运营人才的缺乏。安全运营所需要的人才，除了代码高手和"挖洞"专家；更急需的应该是既熟悉企业业务，也熟悉安全业务，同时能够熟练运用各种安全技术和产品，快速发现问题，快速解决问题，并推动企业安全改进优化的实用型人才。对这一类人才的定向培养，眼下还有很长的路要走。

这套书包含了安全运营的方方面面，像是一个经验丰富的安全专家，从各个维度提供知识、经验和建议，希望更多有志于企业安全建设和安全运营的同仁们共同讨论、共同实践、共同提高，共创安全运营的未来。

《企业安全建设指南》黄皮书作者、"君哥的体历"公众号作者　聂　君

这几年，越来越多的人明白了一个道理：网络安全的本质是人和人的对抗，因此只靠安全产品是不够的，必须有良好的运营服务，才能实现体系化的安全保障。

但是，这话说着容易，做起来就没那么容易了。安全产品看得见摸得着，功能性能指标清楚，硬件产品还能算固定资产。运营服务是什么呢？怎么算钱呢？怎么算做得好不好呢？

这套书对安全运营服务做了分解，并对每个部分的能力建设进行了详细的介绍。对于需求方，这套书能够帮助读者了解除了一般安全产品，还需要构建哪些"看不见"的能力；对于安全行业，则可以用于指导企业更加系统地打造自己的安全运营能力，为客户提供更好的服务。

就当前的环境来说，我觉得这套书的出版恰逢其时，一定会很受欢迎的。希望这套书能够促进各行各业的网络安全走向一个更加科学和健康的轨道。

360 集团首席安全官　杜跃进

总序言

　　网络安全的科学本质，是理解、发展和实践网络空间安全的方法。网络安全这一学科，是一个很广泛的类别，涵盖了用于保护网络空间、业务系统和数据免受破坏的技术和实践。工业界、学术界和政府机构都在创建和扩展网络安全知识。网络安全作为一门综合性学科，需要用真实的实践知识来探索和推理我们构建或部署安全体系的"方式和原因"。

　　有人说："在理论上，理论和实践没有区别；在实践中，这两者是有区别的。"理论家认为实践者不了解基本面，导致采用次优的实践；而实践者认为理论家与现实世界的实践脱节。实际上，理论和实践互相印证、相辅相成、不可或缺。彩虹模型正是网络安全领域的典型实践之一，是近两年越来越被重视的话题——"安全运营"的核心要素。2020 年 RSAC 大会提出"人的要素"的主题愿景，表明再好的技术工具、平台和流程，也需要在合适的时间，通过合适的人员配备和配合，才能发挥更大的价值。

　　网络安全中的人为因素是重要且容易被忽视的，众多权威洞察分析报告指出，"在所有安全事件中，占据 90%发生概率的前几种事件模式的共同点是与人有直接关联的"。人在网络安全科学与实践中扮演四大类角色：其一，人作为开发人员和设计师，这涉及网络安全从业者经常提到的安全第一道防线、业务内生安全、三同步等概念；其二，人作为用户和消费者，这类人群经常会对网络安全产生不良影响，用户往往被描述为网络安全中最薄弱的环节，网络安全企业肩负着持续提升用户安全意识的责任；其三，人作为协调人和防御者，目标是保护网络、业务、数据和用户，并决定如何达到预期的目标，防御者必须对环境、工具及特定时间的安全状态了如指掌；其四，人作为积极的对手，对手可能是不可预测的、不一致的和不合理的，很难确切知道他们的身份，因为他们很容易在网上伪装和隐藏，更麻烦的是，有些强大的对手在防御者发现攻击行为之前，就已经完成或放弃了特定的攻击。

　　期望这套书为您打开全新的网络安全视野，并能作为网络安全实践中的参考。

范　渊

序言 1

自互联网诞生之日起，网络安全问题就一直伴随着互联网的发展，尤其是云计算、5G、IoT、大数据、AI 技术的飞速发展，使信息化越来越影响和改变世界的形态。社会的网络化、资产的数据化、国与国之间网络边界的模糊化，使网络安全的重要性越来越突出。随着网络攻击行为的组织化、智能化、隐蔽化，网络安全风险越来越大，安全威胁渗透于政治、经济、文化、社会、生态、国防等多领域中。"没有网络安全，就没有国家安全"是一句最好的警示语。

面对复杂的网络安全环境，国家层面在积极不断健全和完善法律法规及相关政策，要求网络安全要与信息化"同步规划、同步建设、同步使用"，企业单位也在根据自身的业务发展规划，构建统一、精准、高效、合规的网络安全保障体系。

然而，网络安全是一个复杂的话题，网络安全工作是一项系统性工作，如何在相对有限的预算中保证相对安全，如何达到网络安全与业务可用的平衡，是每一个网络安全从业者需要考量的。其实网络安全建设与建设高楼大厦思路是相似的，万丈高楼平地起，在建设高楼大厦时，要根据地形、土地面积、周边环境、大楼定位等一系列因素进行图纸设计，有了完善的设计图纸，才好开工，网络安全亦如此。在网络安全建设前，需要对网络安全进行规划，从国家要求、行业特点、自身业务 IT 战略、未来发展愿景、信息安全现状、人员经费投入等多维度思考，从顶层框架到技术体系、管理体系、运营体系的综合设计，进而完成安全能力兑现，构建合理安全的网络安全保障体系。

网络安全应该是全覆盖的，要从端—管—云—数进行技术层次化覆盖，要从识别、防护、检测、响应、恢复进行时间周期性覆盖，要从人—技术—操作进行整体性覆盖。从单点防护走向整体防控，构筑纵深防御体系，覆盖所有保护对象，从被动防护到主动防护，防患于未然，消祸于未形，由粗放防护到精准防护、精细化管理、精细化施策、静态防护再到动态防护，持续性监测，自动化处置。

黄队作为网络安全彩虹架构的构建者身份，需要对网络安全进行构建、规划、设计，因此黄队在网络安全的队伍中，需要极强的理论知识和极宽的知识面。

《九维彩虹团队之网络安全体系架构》是这套书中的黄队分册。本分册深入浅出地阐述了网络安全构建的主要内容，对各政企单位的安全管理者和相关安全从业者具有较高的指导价值。在今后不同的时代环境下，黄队的安全规划思路在任何组织机构都可以发挥其通用之处，为大家提供宝贵的参考建议。

　　本分册对网络安全规划设计流程介绍完整、全面，对网络安全规划设计的内容也进行了深度的详解，尤其对云计算、工业控制系统等一系列新技术进行安全规划，有很好的借鉴作用。

　　立足脚下，放眼未来，网络安全道路还需要广大从业者一起乘风破浪，网络安全从业者可以通过阅读本书开启网络安全全新视野，让安全工作为企业发展发挥最大价值。

袁明坤

序言 2

在各行业如火如荼数字化转型的发展进程中，传统与新型网络安全威胁使我们面临更严峻的挑战。近年来，网络空间的攻击变得越来越复杂，使得更难检测和缓解。要在这种充满挑战的网络环境中取得成功，组织需要有效地将其网络安全策略与业务发展战略和需求保持一致，并重新启动其网络安全方法论探索提供安全弹性的新方法。这是一个可解决的难题，相信通过共同努力，可以更好地保护我们的组织、业务和全球化经济。

黄队作为网络空间安全的全景规划、统筹管理的角色定位，视野广阔，从"金字塔"视角看到安全整体框架，囊括安全的组织、管理、技术和运营，通过系统化高阶蓝图对安全建设全局及分解后的轻重缓急进行全面考虑，黄队中关键的角色定位包括首席信息安全官、安全架构师等。

作为黄队重要角色之首——首席信息安全官，除了必备的全面安全知识经验硬能力，软能力尤其重要，软能力其中之一就是具备多频道沟通能力，一个频道是通过业务风险管理的角度来统筹计划网络安全的建设、活动和运营，同时通过另外一个频道与其他最高管理层建立共同的业务护航愿景，从而保障数字化业务发展。

黄队主要负责网络安全体系架构的计划和设计，这涉及组织的、概念的、逻辑的、物理的组件。这些组件以一致的方式进行交互，并与业务需求相适应，以达到安全相关风险可被管理的状态。如今，随着业务、IT 和威胁的迅速变化，安全架构变得更加重要。在云计算、移动互联网、物联网和人工智能时代，诞生于早期的网络安全防御方法需要发展，或者可能被新的思维所取代。安全必须适应不断变化的数字服务和技术，这就需要重新构建能够支持敏捷、不断变化的安全体系架构和方法论。安全架构应该作为一致的、连贯的规划和设计企业级安全性的手段，安全架构师的存在也为组织提供了系统性解决安全风险问题的信心。安全架构师为组织提供系统性解决业务安全问题及安全政策和法规要求的方法，为组织提供信心使其能够根据业务和风险状况采用最恰当的控制措施，提供结构化的方式来沟通安全期望，以便随着业务的适应和变化，可以及时地规划和实施安全控制，以继续提供必要的保护。

期望本书可以为重点关注整体安全风险管理、安全架构规划设计领域的读者提供一些启发和参考，为推进各行各业网络空间安全水平的进步做出贡献。

编者

目 录

九维彩虹团队之网络安全体系架构

第1章 黄队介绍

"万丈高楼平地起"。建造一栋大楼需要周密的选址、合理的设计、坚实的地基、规范的建设、严格的监理，才能保证楼宇的安全性，网络安全也是如此。在社会形态已经向信息化、网络化、虚拟化飞速发展的今天，网络安全至关重要。在网络空间安全这场大会战中，网络安全要同步规划、同步建设和同步运营。针对网络安全风险和威胁，采用适合的网络安全模型和方法，构建一个相对安全的网络架构，是网络安全工作的基础和源头。

本分册即从如何在整个 IT 生命周期中构建网络安全的角度进行探讨和延展。

1.1 黄队概念

如果把网络安全的各方用彩虹架构进行颜色标识，红队代表攻击，蓝队代表狩猎，那么黄队就代表构建。在整个 IT 生命周期中，黄队首先要对业务、架构、资产进行梳理，在充分理解网络安全目标、愿景、现状和风险的基础上，规划网络安全架构和体系，在 IT 生命周期的各个环节进行网络安全建设、监督和指导，保证网络安全规划的落地，同时根据各环节网络安全形势的变化不断进行规划和修正。

网络安全最终是人和人之间的战争，不同角色的人，要有不同角色的思维模式。对于黄队来说，网络安全观的建立是极其重要的。黄队网络安全观是解决网络安全问题的思路，以及看待网络安全问题的角度和高度，而不是着眼于具体的问题、漏洞和风险。黄队的网络安全思路需要从上而下，从全局出发进行网络安全布局。黄队的最终目标是促使信息化建设安全高效，聚焦组织，保护对象，保障业务安全运行。

1.2 黄队组成

网络安全构建者需要有宏观的网络安全视角、完善的网络安全知识体系和深刻的 IT 业务理解能力，同时需要拥有管理层的大局意识和技术人员的逻辑思维，需要具备安全攻防技能、信息架构建设技能、系统架构建设技能、网络架构分析技能、产品架构设计技能、安全开发技能。黄队在网络安全彩虹架构中起到整体方向思路引导和设计的作用，可以由甲方人员自行组建黄队，也可以由网络安全服务商提供专家级黄队服务。

1.2.1 几个常见的黄队岗位

1. 首席信息安全官（CISO）/首席安全官（CSO）

首席信息安全官（CISO）是企业主管级的管理人员，负责监督组织 IT 安全部门和相关人员的运营。首席安全官（CSO）负责指导和管理战略、运营和预算，以保护组织的信息资产。

2. 安全分析师

安全分析师可以按不同的场景划分为网络安全分析师、数据安全分析师、信息系统安全分析师或 IT 安全分析师，这个角色通常具有以下责任：

（1）定义、实施和维护网络安全策略。

（2）规划、实施和升级安全措施和控制。

（3）网络架构分析、IT 安全分析。

（4）进行内部和外部安全审计。

（5）数据安全治理。

3. 安全架构师

一位优秀的信息安全架构师横跨业务和技术领域。通常负责网络安全规划、分析、设计、配置、测试、实施、维护等工作，其担任的角色可能会有所不同，这就要求企业要全面了解自身的技术和信息需求。

1.2.2 黄队人员应该具备的基本安全能力

1. 业务理解与赋能

黄队应该对企业、所处行业的业务有足够的认识与理解，如业务模式是什么？业务的架构形态是什么？核心的业务能力是什么？支持这些业务开展的业务核心流程有哪些？支持性的业务流程与职能有哪些？关键业务人员、团队有哪些？支撑核心业务的系统有哪些？多问自己几个为什么，理解业务和赋能业务是网络安全构建成败的关键。

2. 安全风险管理

信息安全工作从来不是无的放矢，也不应该成为能力喜好、能力偏好的试金石，其工作重点是在那些可能影响现在、未来业务生存与发展的地方，在可能导致企业归零的领域，优化风险管理能力、优化信息安全战场态势、变被动能力为主动能力，这也是信息安全风险的关键优化要求。以业务与风险为导向，以威胁为驱动手段，从管理、技术、人的纵深，到业务人员自身能力、安全风险管控能力、安全监督审计能力的纵深，再到业务外延领域、虚拟边界领域、核心能力领域的纵深，进行全面安全风险整合优化，提升感知、管控、处置、迭代能力。

3. 安全技术与架构

安全技术与架构是网络安全的基础工作，技术方案的执行其实是安全管理理念的延伸与落地。安全技术与架构强调网络安全的纵深防护能力、以缩短自由攻击时间窗口为目标的分析感知能力、以降低平均检测时间与平均响应时间为目标的安全技术运营能力。

4. 安全管理

安全管理是网络安全中非常重要的组成部分,为信息安全工作提供了管理抓手、制度依据和流程保障。法制社会常常提到"有法可依、有法必依、执法必严、违法必究",安全管理就是实现网络安全的一个最为重要的能力,能做什么、不能做什么、怎么做、如果违反了有什么后果、权责分配、文化环境的基调等都是通过各种制度、规范、流程、文件加以约定的,安全技术的运用在某种意义上也是管理理念的延伸与具体化实现。

1.3 黄队工作

1.3.1 规划设计

网络安全构建者(黄队)在规划设计阶段,首先,要学习并了解企事业单位信息化建设现状,通过充分的安全规划设计准备,找到安全规划的目标、差距,基于淬炼后的安全需求和网络安全的发展愿景,依据网络安全法律法规、政策标准和行业监管要求,参考网络安全模型和同行业成熟的最佳实践,定义可扩展的、先进的网络安全体系蓝图,设计具备合理性、先进性、可落地性的安全技术体系、安全管理体系、数据安全体系。其次,根据体系蓝图和实施计划,落地网络安全项目群,制定预算,实施并推进安全规划设计的落地。

1.3.2 部署实施

部署实施是企业和组织实现安全规划落地的具体措施,部署实施前需要确定具体的实施方案及实施内容、涉及的服务方案,以及产品工具一定是要能解决企业和组织当前安全痛点及为后续信息安全建设发展奠定基础的。企业和组织需要提前对所采用的服务方案和产品工具进行调研,通过与各厂家进行横向对比,选择最优的方案及最佳的产品。建议选择主流的安全服务企业及综合评价较高的产品工具。

1.3.3 服务运营

服务运营是一个综合性的服务,可以参考 ITSS 或 ITIL 的管理方法,根据部署实施情况,将基础设施、服务流程、人员和业务连续性进行关联,实现业务运营与 IT 服务运营的有机融合。在整个服务运营过程中需要关注 IT 业务的平衡、稳定和响应的平衡、质量和成本的平衡、主动和被动的平衡等,明确各因素的职能,将职能最大化,基于服务运营流程形成最佳的服务运营实践。

1.3.4　持续改进

任何企业和组织的信息安全建设都不是一次性完成的，一定是经过多次反复的修正、更新逐渐完成的。信息安全技术是不断发展的，我们的安全建设也要随之发展，持续改进是企业和组织信息安全发展的特有性质，我们需要根据服务运营的实际情况，定期评审 IT 服务满足业务运营的情况，以及 IT 服务本身存在的缺陷，提出改进策略和方案，并对 IT 服务进行重新规划设计和部署实施，以提高 IT 服务质量。

1.3.5　监督管理

在持续改进后，我们的企业和组织需要定期对改进后的措施进行监督管理，评价改进后的效果是否真正达到了预期的目标。监督管理的过程也是整体服务运营的过程之一，在此过程中可以通过对 IT 服务的服务质量进行评价，对服务提供方的服务过程、交付结果实施监督和绩效评估，从而确定是否还有进行持续改进的空间，不断地往复循环并持续改进。

第2章 规 划 设 计

网络安全规划设计是指导建设、实施、部署等一系列网络安全工作的根本要素。没有网络安全规划，网络安全工作可能会事倍功半甚至南辕北辙。做好网络安全规划，网络安全工作就成功了一半。

2.1 规划准备

2.1.1 参考依据

开展网络安全规划设计工作，首先要合规，满足国家网络安全法律法规、政策标准及行业监管要求。所以，在开始进行网络安全规划前，要根据行业特性，系统面临的服务对象、业务场景和监管单位，选好进行网络安全规划的依据。

2.1.1.1 网络安全法律法规

《中华人民共和国网络安全法》于 2017 年 6 月 1 日起正式实施。《中华人民共和国网络安全法》是我国第一部全面规范网络空间安全管理方面问题的基础性法律，是我国网络空间法治建设的重要里程碑，是依法治网、化解网络风险的法律重器，是互联网在法治轨道上健康运行的重要保障。《中华人民共和国网络安全法》服务于国家网络安全战略和网络强国建设，构建了我国首部网络空间管辖基本法，提供了维护国家网络主权的法律依据。

2.1.1.2 网络安全政策标准

1. 等级保护 2.0 标准

《信息安全技术网络安全等级保护基本要求》（简称等级保护 2.0 标准）提出了等级保护的工作框架，其中，等级保护对象包括网络基础设施、信息系统、大数据、物联网、云计算平台、工控系统等；针对等级保护对象特点建立安全技术体系和安全管理体系，构建具备相应等级安全保护能力的网络安全综合防御体系。依据国家网络安全等级保护政策和标准，开展组织管理、机制建设、安全规划、安全监测、通报预警、应急处置、态势感知、能力建设、技术检测、安全可控、队伍建设、教育培训和经费保障等工作。

等级保护安全框架如图 2-1 所示。

等级保护 2.0 标准具备普适性和基线性，所有行业、所有信息系统的建设者、所有者、运营者、保护者、监督者均应参考等级保护 2.0 标准，对信息系统进行同步规划、同步建设、同步运营和同步监管。通过开展等级保护工作提升信息安全保障能力，保障信息系统安全稳定运行。

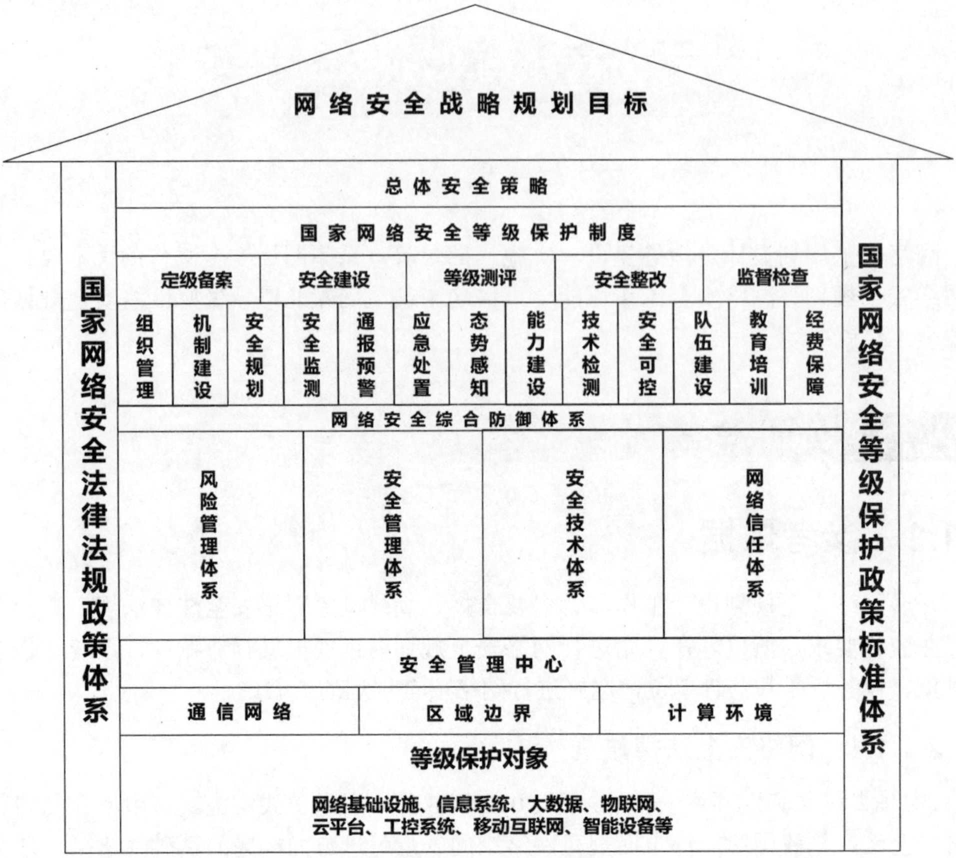

图 2-1　等级保护安全框架

2. 关键信息基础设施保护

在《中华人民共和国网络安全法》第三章"网络运行安全"中，以"关键信息基础设施的运行安全"（第三十一至三十九条，共计 9 条）对关键信息基础设施安全保护的基本要求、部门分工，以及主体责任等问题做了基本法层面的总体制度安排，并规定关键信息基础设施的具体范围和安全保护办法应由国务院制定。正是以此为规范依据，2017 年 7 月 11 日，国家互联网信息办公室公布了备受瞩目的《关键信息基础设施安全保护条例（征求意见稿）》（以下简称《条例》），揭开了中国关键信息基础设施安全保护立法进程的新篇章。

3. 个人信息保护

GDPR，即《通用数据保护条例》，是欧盟在 2015 年颁布，2018 年 5 月 25 日正式实施的，堪称史上最严格的数据保护法案。

GDPR 在原"95 指令"的基础上，大幅拓展了对于"个人数据"的定义，除了姓名、手机号、用户名、网络 IP 地址及定位地址等常规信息外，还包括健康数据、政治观点等敏感信息。

GDPR 核心条款主要包括以下几点：

（1）对违法企业的罚金最高可达 2000 万欧元（约合 1.5 亿元人民币）或者其全球营业额的 4%，以高者为准。

（2）网站经营者必须事先向客户说明会自动记录客户的搜索和购物记录，并获得用户的同意，否则按"违法处理。

（3）企业不能使用模糊、难以理解的语言或冗长的隐私政策从用户处获取数据使用许可。

（4）明文规定了用户的"被遗忘权"（right to be forgotten），即用户个人可以要求责任方删除关于自己的数据记录。

GDPR 对我国数据安全保护起到了积极推动和借鉴的作用。我国长期以来对于个人数据的保护，以及网民对个人数据的防范意识都不到位，个人数据被反复倒卖，网络犯罪、诈骗等愈演愈烈。目前，我国对个人数据保护的意识逐渐增强，并逐步立法施行，包括《中华人民共和国网络安全法》《信息安全技术　个人信息安全规范》《信息安全技术　个人信息去标识化指南》《信息安全技术　个人信息安全影响评估指南》《信息安全技术　数据出境安全评估指南》和等级保护 2.0 标准都对个人信息保护提出了要求。

2.1.1.3　行业网络安全要求

按照中国银行保险监督管理委员会发布的《商业银行信息科技风险管理指引》（银监发〔2009〕19 号）要求，需要建设整体的信息安全管理体系。

按照中国银行业监督管理委员会 2018 年 5 月发布的《银行业金融机构数据治理指引》要求，银行业金融机构须将数据治理纳入公司治理范畴，并将数据治理情况与公司治理评价和监管评级挂钩。在《中华人民共和国商业银行法》《中华人民共和国反洗钱法》《储蓄管理条例》《银行业金融机构外包风险管理指引》（银监发〔2010〕44 号）中对银行在客户身份资料、交易信息等方面的保密义务做出了规定。

2.1.2　网络安全模型

网络安全规划常用的几个网络安全模型介绍如下。

2.1.2.1　IATF 纵深防御模型

IATF 提出的信息保障的核心思想是深度防护战略（Defense-in-Depth Strategy）。所谓深度防护战略就是采用一个多层次的、纵深的安全措施来保障用户信息及信息系统的安全。在纵深防御战略中，人、技术和操作是三个主要的核心因素，要保障信息及信息系统的安全，三者缺一不可。IATF 纵深防御模型如图 2-2 所示。

（1）人（People）：人是信息体系的主体，是信息系统的拥有者、管理者和使用者，是信息保障体系的核心，是第一位的要素，也是最脆弱的。正是基于这样的认识，安全管理在安全保障体系中就显得越发重要，可以这么说，信息安全保障体系，实质上就是一个安全管理的体系，其中包括意识培训、组织管理、技术管理和操作管理等多个方面。

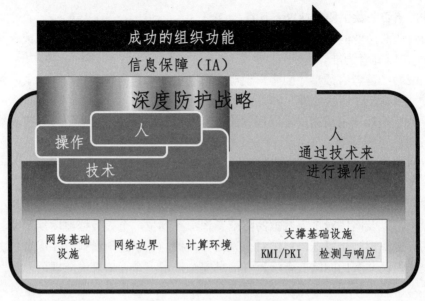

图 2-2　IATF 纵深防御模型

（2）技术（Technology）：技术是实现信息保障的重要手段。信息保障体系所应具备的各项安全服务就是通过技术机制来实现的。当然，这里所说的技术，已经不单是以防护为主的静态技术体系，而是防护、检测、响应、恢复并重的动态技术体系。

（3）操作（Operation）：操作也叫运行，它构成了安全保障的主动防御体系。如果说技术的构成是被动的，那么操作和流程就是将各方面技术紧密地结合在一起的主动的过程，其中包括风险评估、安全监控、安全审计、跟踪告警、入侵检测、响应恢复等内容。

我们知道，一个信息系统的安全不是依靠一两种技术，或者简单地设置几个防御设施就能实现的。IATF 为我们提供了全方位、多层次的信息安全保障体系的指导思想，即纵深防御战略思想。通过在各个层次、各个技术框架区域中实施安全保障机制，最大限度地降低风险、防止攻击、保护信息系统的安全。

2.1.2.2　P2DR 模型

P2DR 模型是美国 ISS 公司提出的动态网络安全体系的代表模型，也是动态安全模型的雏形。P2DR 模型包括 4 个主要部分：策略（Policy）、防护（Protection）、检测（Detection）和响应（Response），如图 2-3 所示。

（1）策略。策略是模型的核心，所有的防护、检测和响应都是依据安全策略实施的。网络安全策略一般由总体安全策略和具体安全策略两个部分组成。

（2）防护。防护是根据系统可能出现的安全问题而采取的预防措施，这些措施通过传统的静态安全技术实现。采用的防护技术通常包括数据加密、身份认证、访问控制、授权和虚拟专用网（VPN）技术、防火墙、安全扫描和数据备份等。

图 2-3　P2DR 模型

（3）检测。当攻击者穿透防护系统时，检测功能就发挥作用，与防护系统形成互补。检测是动态响应的依据。

（4）响应。系统一旦检测到入侵，响应系统就开始工作，进行事件处理。响应包括应急响应和恢复处理，恢复处理又包括系统恢复和信息恢复。

P2DR 模型是在整体的安全策略的控制和指导下，在综合运用防护工具（如防火墙、操作系统身份认证、加密等）的同时，利用检测工具（如漏洞评估、入侵检测等）了解和评估系统的安全状态，通过适当的反应将系统调整到"最安全"和"风险最低"的状态。防护、检测和响应组成了一个完整的、动态的安全循环，在安全策略的指导下保证信息系统的安全。

2.1.2.3　Gartner 自适应安全架构

Gartner 在 2014 年提出自适应安全架构（Adaptive Security Architecture，ASA），是面向下一代的积极安全保障体系。自适应安全架构以持续监控和分析为核心，覆盖防御、检测、响应、预测 4 个维度，可自适应于不同基础架构和业务变化，并能形成统一安全策略应对未来更加隐秘、专业的高级攻击。这 4 种能力既是自适应安全架构的核心内容，也是积极防御体系的核心体现，如图 2-4 所示。

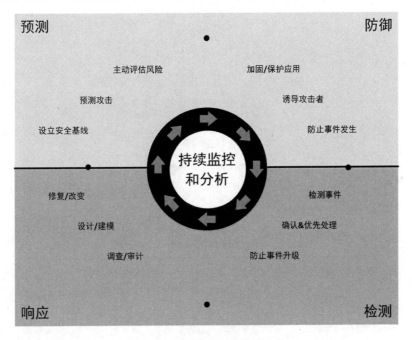

图 2-4　Gartner 自适应安全架构

Gartner 自适应安全架构包含以下 4 个关键能力。

（1）防御：防御包括预防攻击的现有策略、产品和进程。通过降低攻击面来提高攻击门槛，拦截攻击者，阻断攻击方法，加固/保护应用。

（2）检测：检测用于发现、规避战略攻击。检测的目的在于减少威胁的停留时间，进而减少威胁可能造成的损害。在发现攻击后，及时确认并给事件做优先排序，紧急处理高危事故，防止事件升级。

（3）响应：响应用于调查和修复被检测分析能力（或外部服务）发现的事务，能提供取证分析、根本原因分析、新的预防措施，以避免未来事件的发生。

（4）预测：预测能力使安全企业可以从外部监测黑客行动，主动预测针对当前系统状态和数据的新型攻击，主动评估风险并优先解决暴露的问题；还能设立安全基线，用于向"防御"和"检测"提供反馈。

2.1.2.4　MCT 模型

在我国，罗革新等学者结合 Gartner 企业信息安全体系架构的模型，根据国内实际，提出以 MCT 模型为基础建立的信息安全体系架构，如图 2-5 所示。该模型从管理、控制和技术三个视，从与概念层、逻辑层、实现层三个抽象层次构建企业安全体系架构模型。MCT 模型从企业信息安全风险管理的角度出发，构建了基于人员和流程的组织核心角色和职责流程模型、制度与标准模型；基于等级保护控制要求的信息安全运作控制和技术运作控制体系；基于技术的基础设施安全架构、应用系统需求模型和安全服务模型。最终达到保障企业信息安全的愿景。

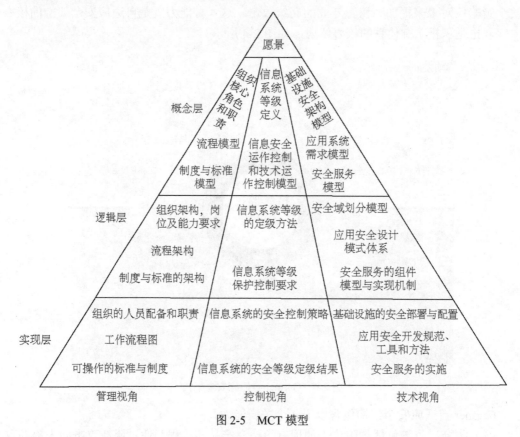

图 2-5　MCT 模型

2.1.3　规划原则

网络安全工作的目标和实现方案，各个行业、各个企事业单位可以根据自身的实际情况选择，但有些基本的规划原则是相通的。网络安全规划原则概括起来主要有以下几点。

1. 以信息化战略为导向原则

网络安全规划作为信息化规划的一部分，在进行战略制定时首先需要考虑信息化战略，在支撑保障信息化战略目标实现的基础上进行信息安全的总体规划。

2. 合规性原则

网络安全规划应符合国家、行业信息安全保障体系的总体要求，特殊行业的特殊系统还应参考国际安全标准进行设计和防护。

3. 针对性原则

网络安全规划应根据不同行业、不同企事业单位的业务特点、网络特点、管理特点，有针对性地进行规划设计。

4. 体系化原则

网络安全规划必须从整体出发，全面考虑各个方面的安全问题，综合运用技术手段和管理手段进行安全防护，构建完整的安全保障体系。

5. 长远规划，急用先上原则

网络安全规划是对未来几年网络安全工作的设计，不能局限于眼前现有的技术和手段，需从长远角度考虑未来几年信息技术发展的趋势及本企业发展的目标，具有一定的前瞻性。

6. 持续实施，动态调整原则

网络安全保障体系的建设不是一蹴而就的，需要持续地、有计划地实施建设。在建设过程中，需结合当时的技术条件、发展趋势、企业发展现状等因素，动态调整信息安全项目建设的内容、周期等，使得保障体系真正符合信息化发展需求。

2.1.4 规划目标

目标是组织在一定时期内通过努力争取达到的理想状况或期望获得的成果。根据目标所做的规划应该是具体的、可以衡量的、可以实现的、要与其他目标相关联的、有时间限制的（遵循 SMART 五大原则）。

网络安全规划同样如此。在网络安全规划开始前，安全规划人员应先确立明确的网络安全目标，目标确立不清楚可能会导致事倍功半甚至南辕北辙的结果，钱花得很多，工作做了一箩筐，但是安全水平还是上不去。一个好的安全目标，应该是站在桌子上，努力向上跳可以够得着的目标。

网络安全目标一般由总体目标和具体目标组成，总体目标要相对宏观，可以与网络安全愿景和战略一起提出，也可以单独提出，如"满足国家网络安全合规要求"。具体目标应该尽量务实、可度量、可落地，如"××系统达到通过等级保护测评"。

2.1.5　风险评估

信息安全风险评估是信息安全体系中一种重要的评价方法和决策机制，在信息安全保障体系建设中具有不可替代的地位和作用。信息安全风险评估是信息安全保障的基础性工作，它既是明确安全需求、确定安全保障的科学方法和手段，又是信息安全建设和管理的重要保障。

开展风险评估工作，分析基础网络和重要信息系统所面临的威胁及其存在的脆弱性，评估安全事件发生的概率及安全事件一旦发生可能造成的损失，根据评估结果提出有针对性的抵御威胁的防护对策和整改措施，并为防范和化解信息安全风险、将风险控制在可接受的水平、最大限度地保障网络和信息安全提供依据。所有针对信息安全规划、设计、部署的实施都应该是基于信息安全风险评估的结果，根据风险评估结果，结合实际需求情况，制定安全防护策略，采取合适的安全技术或管理措施，以最小的代价提供最大限度的安全保障。

在确定评估范围阶段，应根据本次风险评估制定的目标确定风险评估的范围，包括相关的信息资产、管理机构、业务流程等，通过业务调查确定评估的具体对象，并形成相关的记录文档。在资产识别阶段，对需要保护的资产进行识别和分类，依据资产在保密性、完整性和可用性上的安全需求进行赋值，确定每项资产的重要性等级，并确认已有的安全防护策略和措施，形成《安全现状分析报告》。在脆弱性评估阶段，针对每一项需要保护的资产，识别其可能被威胁利用的弱点，并对脆弱性的严重程度进行评估，可通过工具扫描、人工审计、渗透测试识别技术上的脆弱性，通过安全制度审计识别管理上的脆弱性，通过对已有安全策略的评估验证识别策略上的脆弱性，并形成《脆弱性分析报告》。在威胁识别阶段，针对保护资产的脆弱性，分析可能存在的威胁因素，并判断威胁出现的频率，形成《威胁分析报告》。在风险分析阶段，结合对相关资产、脆弱性、威胁的识别和评估结果，采用合适的风险分析方法和工具，分析威胁利用脆弱性导致安全事件发生的可能性，以及安全事件发生后对组织造成的损失，综合评价风险状况，形成初步的《风险分析报告》。在风险管理阶段，根据风险评估的结果，有针对性地提出合适的安全控制措施，确定相关的风险控制策略，最终形成《风险评估与管理报告》，为管理者防范和化解信息安全风险提供真实的依据。

2.2　安全技术体系设计

2.2.1　网络安全设计

在未来信息化建设的过程中，传统的信息安全技术仍是重要的组成部分，具有不可替代的作用，传统的分级分域、重点防护策略，依然适用于信息安全技术体系建设。同时，将新技术、新应用的防护技术逐步融合进来，进一步完善未来网络安全建设。未来融合了新技术、新应用的信息系统的安全域，虽包含被视作无安全边界的云计算环境，但从整体网络拓扑结构来看，其分层仍属清晰，如图2-6所示。

图 2-6 所示的 5 个安全域层面，是根据纵深防御体系的分层原则划分的，同时与未来信息化技术体系的四层结构对应，终端接入层不仅包括了物联设备的接入，同样包括了信息系统各方使用人员的终端接入。云资源接入层作为网络通信层的边界，与云平台层共同组成了技术体系的数据及服务支撑层，信息系统在各层的分布及安全区保护所采用的安全技术见表 2-1。

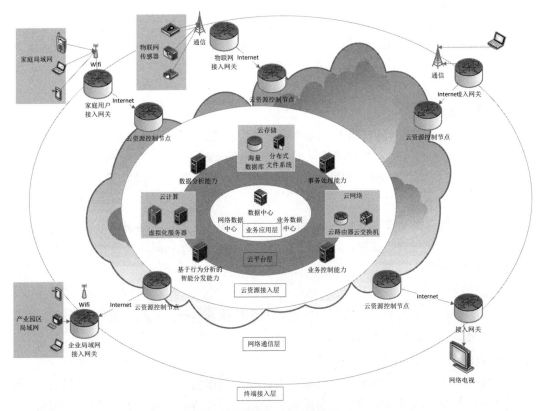

图 2-6　网络安全设计整体架构

表 2-1　信息系统在各层的分布及安全区保护所采用的安全技术

安全工作区	涉及应用（范围）	安全防护基本策略
终端接入层	桌面终端、移动终端、物联网传感器终端及智能电器	病毒过滤、报警与隔离；终端准入；终端安全管理；应用层过滤防御；物联网安全防御
网络通信层	通信链路、广域网络接入设备、无线基站设备等	严格的访问控制、入侵检测，利用加密传输技术保障链路通信安全
云资源接入层	云资源控制节点，包含资源控制服务器、负载均衡设备、带宽汇聚及分布式存储等	实施严格的访问控制、入侵检测、动作与行为审计规则，使用数字证书进行身份认证与识别，实施应用层防护与数据恢复
云平台层	云存储、云计算、云网络等云资源	按照 CSA 云计算安全指南中的 13 个关键领域和等级保护云扩展要求进行防护
业务应用层	各种业务应用系统，以及涉及的用户数据中心、网络数据中心、业务数据中心	实施严格的访问控制、入侵检测、动作与行为审计；使用数字证书进行身份认证与识别；漏洞扫描

2.2.1.1　终端接入层安全

在终端接入层，把应用终端（包括移动应用终端）、物联网传感器和智能电器作为安全防御的主体，而将接入节点设备归入其上层，划到网络通信层，以便统一防御手段。一般采用以下技术手段进行防御。

1. 病毒过滤、报警与隔离

应在具备智能操作系统的终端，如计算机终端、移动应用终端、智能家电等设备上部署病毒及恶意代码过滤、报警和隔离机制，可以考虑使用安装防病毒软件或恶意代码检测系统、使用高安全性的操作系统、严格控制应用软件权限等手段建立病毒与恶意代码防范机制。

2. 终端准入

对应用终端的数据传输层接入，应灵活采用基于有线、无线网络与移动互联网的用户设备身份校验机制，以"4A"[认证（Authentication）、账号（Account）、授权（Authorization）、审计（Audit）]身份认证体系为框架，提高终端准入的安全性与准确性。

3. 终端安全管理

对终端应具有安全管理机制，可考虑在终端准入认证客户端捆绑终端安全管理客户端，针对终端用户可能的违规、违法操作行为进行及时发现、阻断与审计，为用户行为审计提供数据来源。

4. 应用层过滤防御

在业务终端的应用层对其数据内容进行安全性检测与过滤，及时发现并阻断恶意、有害与敏感信息进出应用终端。

5. 物联网安全防御

物联网安全重点是实现用户的可信接入，保护数据的机密性、完整性、可用性、不可抵赖性，应从无线传感网络节点自组网安全策略、传感器网络节点轻量级加密技术和认证机制、移动采集终端和传感器节点的安全加固、电子标签的防伪认证、内容安全获取设备、感知系统安全技术、统一安全标识和解析技术等方面，来保障物联网的安全性。

2.2.1.2　网络通信层安全

网络通信层包括了无线基站（包括无线热点与移动通信基站）、通信链路与配套网络设备和广域网接入设备等，需通过严格的访问控制、网络安全监测等方式，尽量利用加密传输技术保障链路通信安全。

1. 网络设备安全

作为网络通信节点，网络设备（包括防火墙等网关类安全设备）安全是数据传输层安全的基础。应保障网络设备的物理安全，特别要注意邻近攻击风险，防止邻近设备进行直连操作的攻击方式；还应注意网络设备远程管理协议及用户面临的威胁，加强网络设备自身访问控制机制；做好网络设备加固，及时发现设备软件及固件漏洞并进行修补。

2. 网络访问控制

应将网络基础设施，包括众多接入网络及子网络中不同的应用系统，根据资产的重要性及它们面临的安全威胁的不同，结构化地划分为不同的安全域，在安全域的边界利用网络设备访问控制机制与网络安全设备，对基于网络地址与端口的连接进行控制，严格控制网络数据流向与访问权限，在重点防范区域应首先考虑使用访问控制白名单。

3. 网络安全监测

网络安全监测包括网络入侵检测、病毒网关、漏洞扫描、应用数据流安全监测等，对网络数据包进行深度检测，发现网络攻击行为，并对应用数据流量进行安全的智能处理，实现有害信息的监测和过滤，形成安全管控能力。

网络入侵检测系统综合运用多种检测手段，采取基于特征和基于行为的检测方法对数据包的特征进行深度检测，能够有效地发现网络中的攻击行为和异常访问行为。

病毒网关对通过网关设备的数据流进行实时检测，过滤数据流中的病毒、蠕虫。

漏洞扫描系统可用来自动检测目标主机、数据库、网络设备、应用系统安全漏洞等，它通过模拟黑客攻击，主动对主机、数据库、网络设备、应用系统进行检查测试，完成其漏洞和不安全设置检查功能。

应用数据流安全监测是以设备互联关系发现为基础，对网络和信息资产进行统一管理，全面梳理关键设备列表，自动梳理资产、应用服务、业务数据流、监控异常互联关系和安全隐患。

4. 网络审计取证

网络审计取证包括网络安全审计和网络取证分析两个部分。

网络安全审计实现了基本网络应用协议审计、共享文件审计、特定审计、应用数据流安全审计等功能。

网络取证分析是通过网络旁路侦听的方式对网络数据流进行采集、分析和识别，并对应用层协议进行完整还原，根据制定的安全审计策略进行审计响应，重组及回放网络入侵，完成入侵取证。

5. 链路加密

针对网络欺骗与网络嗅探风险，对敏感业务应用数据传输应使用加密通信协议进行封装和连接。

2.2.1.3 云资源接入层安全

云资源接入层作为技术体系中数据及服务支撑层与网络通信层的边界，具有分隔与转换虚拟化环境和物理环境的重要作用，也承担着对网络层传来的数据进行汇聚分流、对云计算资源进行分发控制等重要计算辅助功能。作为数据应用的第一道边界，应实施严格的访问控制、入侵检测、动作与行为审计规则，使用数字证书进行身份认证与识别，以及实施应用层防护与数据恢复。

1. 访问控制

应以最小化原则制定访问控制规则，严格控制设备服务开放端口与用户访问权限，层内设备之间应具有访问控制机制。

2. 应用层入侵检测

应在本层内旁路或串接部署可集中管理的、基于 OSI 应用层入侵的分布式检测系

统，及时发现并阻断通过访问控制进入本层面中的 OSI 应用层包含的有害数据。

3. 身份认证与识别

作为云计算虚拟环境边界，需在本层对进出云环境的数据进行识别与标识，为云计算与存储环境中的数据全生命周期追溯提供电子标签。

4. 行为与动作审计

应用系统或用户对云资源做出的请求行为需在本层进行审计，确保云计算环境中的内部用户行为或业务系统动作审计可供关联与追溯。

5. 应用层防护

针对资源控制服务器等具备管理应用功能的设备资产，应在 OSI 应用层进行数据内容检测与过滤防护。

2.2.1.4　云平台层安全

云平台中的"多租户"与传统安全体系中的多用户操作系统，以及基于 B/S 架构的互联网用户环境有所区别，不同客户场景对策略驱动需求不同，而不同业务单元又存在着共享业务资源的需求。

云平台本身只是一个载体，其根本上所承载的是用户数据和应用。而多租户云平台的整个运行过程，其实是一个对不同租户的数据和应用不断隔离—共享—隔离的过程，而云安全有别于传统安全的两大关键便是数据与应用的识别与控制。

因此，整个云平台安全体系的设计与实现，都应紧紧围绕数据与应用两个重点，重点关注云环境内的资源应用监测、行为审计及数据和隐私保护。

针对云平台的安全实践，在本分册的后续章节中有详细介绍，这里不再赘述。

2.2.1.5　业务应用层安全

业务应用层上搭载的是基于技术体系架构开发的业务应用系统。因为其搭载于云平台虚拟环境之上，其访问控制、入侵检测、数字身份认证、动作与行为审计等安全防御措施，都由云平台层提供虚拟环境下的支持，这也是云计算环境的一大优点。

在本层内的业务应用系统，需关注的重点是其在设计思想、开发过程、系统测试中所暴露出的自身应用安全缺陷，建议在本层内部署基于应用层的漏洞扫描系统，如 Web 应用漏洞扫描系统与数据库漏洞扫描系统，在自身开发安全的基础上，增加第三方安全检测机制。

2.2.2　网络安全基础支撑设施

网络安全建设要先将共性、支撑性的安全保障体系下沉，建立起完整、严密的安全基础设施体系。首先应该从整体的信息安全保障需求与关键信息基础设施本身的"定义、定量、定性"三个方面入手，明确防护对象与防护手段，使安全基础设施的体系设计与部署具有计划性与针对性。

IATF 纵深防御策略定义了两种支撑基础设施：密钥管理基础设施（KMI）/公钥基础设施（PKI）和检测与响应基础设施。而在未来信息化形态特有的开放性、复杂化、集中化的特性下，应分解至建设各子系统与其各层的防御体系中，并将具备充分开放性与分布性的网络安全态势感知中心与网络安全情报分析中心作为安全基础设施，纳入整体安全体系基础之中。

综上所述，网络安全规划应根据实际需求建立以下整体安全基础设施：

建立以密码技术为基础的网络信任体系。网络信任体系是为了解决网络空间中信息、各种行为主体身份的真实性和可信性问题，维护网络空间的有序运转，包括身份认证、授权管理和责任认定等内容。

建立信息安全运营管理中心。通过对信息安全设备、信息安全事件、信息安全运维的统一归纳管理和控制，实现统一安全管理，建立信息安全统一门户，对信息安全系统进行统一单点登录、统一身份授权和管理。

建立网络安全态势感知监测手段和信息安全通报预警及应急处置体系。通过建立安全态势感知平台，实现对信息网络和重要信息系统的安全监测与信息共享，并在此基础上构建信息安全应急处置机制，采用集中研判、快速预警、统一指挥、紧急处置、追查反制等策略和措施，有效防范、及时控制和消除有害信息传播、计算机病毒感染和网络攻击、网络恐怖活动及网络紧急突发事件的危害，并切实解决应急恢复，确保系统容灾能力，保障基础信息网络和重要信息系统的安全，维护正常的社会秩序。

1. 身份管理基础设施

为实现构建信息体系中业务应用人员、系统运维管理人员用户账户管理层面和应用层面的全面完善的安全管控需要，建设基于密码技术的统一身份认证服务平台。通过集中用户管理、集中证书管理、集中认证管理、集中授权管理和集中审计管理等应用子系统模块，实现身份账户统一、系统资源整合、应用数据共享和全面集中管控的核心目标。用户证书应能以电子证书、实体证书等多种形式保存在 USB KEY、IC 芯片或 RFID 芯片中，保证证书和私钥的安全，并满足多种使用场景中的安全需求。

2. 信息安全运营管理中心

建立在管理、运维、技术上统一集中的信息安全运营管理中心，对信息系统各层面所有设备进行安全管理和监控，对安全威胁进行高效预警，对安全事件进行及时响应和处理，保障整个信息系统的安全运行。

信息安全运营管理中心，需要具备通过高效专业化支撑平台和先进监测工具及时发现、识别安全事件，及时掌握安全状态，了解网络攻击、病毒传播和异常行为等信息安全事件，为事件定位、应急响应和事件跟踪提供支撑的功能。

构建一个为信息安全监测管理与应急响应工作提供支撑的基础平台，实现对全网各节点与出口、各门户网站和信息系统的全方位安全监测，以及对各业务子系统安全管理平台（SOC）的数据采集与对接，以满足对整个行业、企业进行安全监测的需要。通过不断深入与扩展建设，最终建成统一信息安全监管与应急响应体系。

在中心设计阶段，应充分考虑运营中心所需要的数据量与计算量，采用扁平化的二层到三层分布式设计，将日志数据采集、存储与关联分析压力下放至各业务子系统自身的（SOC）平台。实现对各业务子系统（SOC）的统一管理、各类安全事件信息的汇集和分析处理、事件监测情况的可视化展示及高危事件的预警通报和应急处置。通过建立安全事件报警、处置、监测与监管机制，实现安全事件响应和处置工具化、程序化、规范化的操作和管理，实现安全报警事件的响应和处置全过程整改跟踪确保安全事件能够得到及时、正确的响应和处置。

采用先进、成熟、实用的安全监测技术和设备，可采用系统接口二次开发的形式，确保各业务子系统自身的信息安全管理平台（SOC）能与其所属业务应用系统进行应用监控数据的对接和采集。

建立信息安全运营管理中心，在技术实现方式上与传统的基于单个网络信息系统的信息安全管理平台有本质区别，信息安全运营管理中心将不再承担对设备日志的采集、归并与关联分析工作，而是专注于对各下级管理平台输出的标准化安全事件数据的深度分析与响应决策。

3. 信息安全统一门户

构建信息安全统一门户，通过统一门户的单点登录模块，结合 PKI/CA 体系，实现信息安全管理系统的统一身份管理、权限管理、认证管理和审计管理。

4. 信息安全态势感知平台

未来信息系统可能包含各类物联感知设备、无线传输设备，以及与之相关的基础网络、云计算平台、大数据平台及相关的智慧应用系统，因此需要构建一个集中式的监控、管理、流程、服务、展示的态势感知平台，及时、准确、全面地反映与掌握各信息系统的安全运行状态，保障各业务系统的正常运行，实现全天候、全方位感知网络安全态势，及时预测安全状况和发展趋势，提前预警安全威胁。

态势感知平台可实现以下目标：

（1）强化主动监控，实现集中管理。以系统可用性、安全性监控为主线，构建统一集成的计算资源及应用服务监控平台，能够主动、及时地发现安全问题，并调度资源解决问题，形成运维管理主动服务的新局面。

（2）帮助定位安全事件原因，快速恢复业务应用系统运行。建立集中的安全事件告警分析及展示平台，提供灵活、自动化的安全事件处理能力。当安全事件产生时，可以进行事件快速定位，发现安全事件原因，调度资源快速恢复信息系统服务，从而缩短安全事件解决时间，降低安全管理成本，提高信息系统整体可用性。

（3）掌握运行质量与效率，合理利用资源。建立安全态势感知体系后，可以实时了解各应用系统资源的可用性及服务质量情况，根据需要从整体角度考虑资源的使用与业务应用系统运维层面配置的优化。

（4）共享应用系统运维经验，完善安全知识库。把运维过程中产生的丰富经验进行积累和总结，形成有效的安全知识库，建立安全知识的共享机制，提供信息共享和交流平台，提高智慧业务应用系统运维人员的工作效率。

（5）统计分析和决策支持。通过提供各类安全分析报表、资源统计报表和态势分析报表，从各个侧面、各个角度反映整体业务应用系统的运行情况、安全情况，为业务应用系统的优化、管理、升级、改造、扩容提供科学依据。

（6）全面直观的系统管理展示。通过一个统一的门户展示系统，有效地展示支撑层面与业务系统群的运行情况、安全状况、威胁态势等，使管理者、技术人员能够迅速了解自己关心的问题。

5. 信息安全大数据分析平台

建立信息安全大数据分析平台，将在线产生的各种安全数据（包括安全配置数据、安全策略数据、安全日志、原始流量数据、安全攻击数据等）导入信息安全大数据分析平台中，通过数据建模，对安全策略的有效性进行分析，对安全事件的发生轨迹进行分析，最终形成安全分析结果供决策者使用。

信息安全大数据分析平台至少应具备以下功能：

（1）大数据实时分析。大数据实时分析能够对正在发生的安全事件进行实时分析，应具备高效低延迟的数据处理能力，具备丰富的规则策略库，预制大量的安全分析场景。

（2）用户行为分析。用户行为分析应能够基于海量的数据，对用户进行分析、建模和学习，从而构建用户在不同场景中的正常状态并形成基线，通过已经构建的规则模型、统计模型、机器学习模型和无监督的聚类分析，及时发现用户、系统和设备存在的可疑行为，解决在海量日志里快速定位安全事件的难题。该功能应能快速发现异常用户行为，应能进行精准的用户异常行为监测。

（3）深度感知智能引擎。深度感知智能引擎在安全平台中起着决策性的作用。应能够对多维度的信息和多源数据进行整合、关联、智能分析和预测，帮助安全人员做最精准的判断和调查。

（4）大数据交互式分析。大数据交互式分析功能应支持对存储下来的数据进行交互式分析，通过多次查询分析逐步逼近问题，最终解决问题。应支持多种算法模糊查询，支持定制解决方案包，支持复杂场景定制。

2.2.3 云计算安全

云计算的出现和发展正在深刻地改变着信息化建设模式，给技术应用和服务模式的变革创新带来了机遇。云计算产业被认为是继大型计算机、个人计算机、互联网之后的第四次IT产业革命。随着云计算技术的逐步成熟，国内外相继采用云计算技术以降低IT基础设施的投资规模，提高资源利用率。2021年4月21日，全球知名的市场研究公司Gartner发布了2020年全球公有云IaaS市场数据：公有云IaaS市场规模达642.86亿美元，同比增长40.7%。IaaS+PaaS+SaaS市场规模则达到了2245亿美元，较2019年增长19.22%，中国云计算市场规模也超过了1776.4亿元，较2019年增长33.41%。

云计算在给人们带来便利的同时，也带来了新的安全技术风险、政策风险和安全合规风险。《中华人民共和国网络安全法》的正式实施将网络安全提升到法律层面，等级保护 2.0 标准的发布也意味着云计算被纳入等级保护标准要求的范畴。如何设计云计算安全架构、保障云计算平台安全合规、有效提升安全防护能力是当前迫切需要研究的重要课题。

2.2.3.1 云计算安全风险

云计算面临的主要安全问题与风险包括以下几点：

（1）传统安全风险。云计算不论采用哪种服务模式和部署模式，从本质上说，也只是信息系统的一种新的表现形式，因此传统的安全问题与风险在云计算环境中依然存在。

（2）新技术安全风险。云计算的虚拟化技术、软件定义网络（SDN）导致云计算存在边界不确定性、虚拟化层安全、虚拟化核心技术不可控、虚拟网络隔离可靠性等新的安全问题和风险。

（3）数据安全风险。在云计算环境下的数据海量汇聚，使得云计算平台承载的数据价值放大，意味着云计算环境下的数据泄露、丢失、残留风险也被放大。

（4）API 接口安全风险。由于云计算技术的散耦合性，云计算各模块之间、云对外提供服务均使用 API 接口，API 接口存在认证、授权、代码缺陷等问题和风险。

（5）DDoS 攻击风险。云计算基于网络提供服务，DDoS 攻击是云计算环境中最主要的安全威胁之一，攻击者通常发起一些关键性操作来消耗大量的系统资源，如进程、内存、硬盘空间、网络带宽等，导致云服务反应变得极为缓慢，或者完全没有响应。

云计算安全需要综合考量云计算面临的各种安全问题和风险，从顶层设计角度，从网络安全模型和架构入手设计云计算安全保障体系，真正做到云计算安全有效、全面、无短板。

2.2.3.2 云计算安全框架

1. CSA 云安全框架

CSA 在 CSA 0001.1—2016《CSA 云计算安全技术要求》"第 1 部分：总则"中，根据云计算层次架构，结合安全业务特点，定义了云计算安全技术要求框架，如图 2-7 所示。

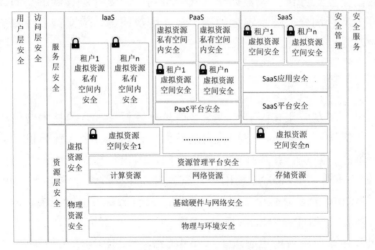

图 2-7　云计算安全技术要求框架

在 CSA 云计算安全技术要求中，访问层安全需要定义访问服务层能力通用接口的安全技术要求，重点关注传输完整性和保密性、鉴别和授权、对外 API 接口安全及 Web 安全等内容；资源层安全分为虚拟资源安全和物理资源安全两个部分，资源层安全需要定义虚拟资源安全和物理资源安全技术要求，资源层安全重点关注物理与环境安全、基础硬件与网络安全、虚拟资源管理平台安全、虚拟资源空间安全等内容；服务层安全根据不同的服务模式，以及云服务提供者和客户承担的安全责任不同而分别定义，主要关注云上系统的安全。

2. 等级保护云安全框架

网络安全等级保护制度自开始实行到现在已近 20 年，等级保护已经成为国家网络安全的基本制度。《中华人民共和国网络安全法》正式实施后，将网络安全等级保护制度上升到了法律层面。等级保护在应对新形势、新技术快速发展和成熟的大背景下，对云计算、物联网、移动互联、工业控制系统及大数据提出安全要求，等级保护进入 2.0 时代。

《信息安全技术 网络安全等级保护安全设计技术要求》（GB/T 25070—2019）中，依据等级保护"一个中心、三重防护"的设计思想，结合云计算功能分层框架和云计算安全特点，构建云计算安全设计防护技术框架。其中，"一个中心"指安全管理中心，"三重防护"指通信网络安全、区域边界安全、计算环境安全。网络安全等级保护云计算安全防护技术框架如图 2-8 所示。

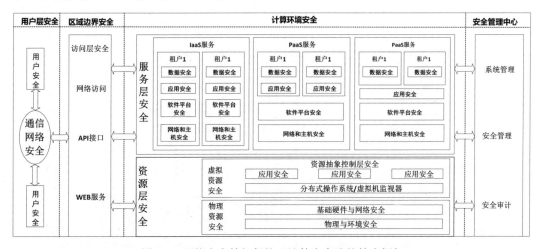

图 2-8　网络安全等级保护云计算安全防护技术框架

2.2.3.3　弹性自适应云安全

云计算由于其弹性、可扩展、虚拟化、安全边界模糊、虚拟流量不可见等诸多特点，在进行云计算安全架构设计时不再以传统的安全防御为主，而是通过 Gartner 提出的自适应安全架构，依据国家的法律法规和安全标准，结合云计算的安全特点和云安全的实际需求，建立起一套动态积极的云计算安全体系。以此应对实时变化的信息安全态势，保持信息安全弹性，增强信息安全事件响应能力，保证云计算安全体系具备的前瞻性和先进性。

1. 建立纵深实时可扩展的云安全防御体系

云计算环境既包含传统的物理资源又包含虚拟资源，因此需要同时保障云平台安全和云上系统安全。云计算安全体系通过纵深的安全防御体系实现三层防御：第一层防御通过传统的安全设备和适当的区域划分，实现云平台物理边界和南北向安全防护；第二层防御，通过云计算平台自身安全机制，通过 VPC（私有网络）、安全组防火墙等对云内资源进行安全隔离和控制；第三层防御，通过 SDN 服务链编排及东西向安全资源池，实现云内东西向安全增强防护。同时，动态积极安全保障体系通过预测感知体系和持续监测体系与纵深防御体系进行联动，实现协同防御。

2. 建立全面持续的云安全监控体系

云计算安全体系通过对多数据来源（包括 Syslog 日志、Audit 日志、安全日志、网络流量）、多种类型（包括物理资源的日志和监控、虚拟资源的日志和监控）的监控数据和审计数据进行集中搜集、分析，持续发现安全问题，并能够对安全问题进行跟踪和溯源，同时将发现的安全问题与安全响应体系、安全防御体系进行联动，及时阻止事件的进一步破坏，达到动态积极的效果。动态积极的云计算安全保障体系如图 2-9 所示。

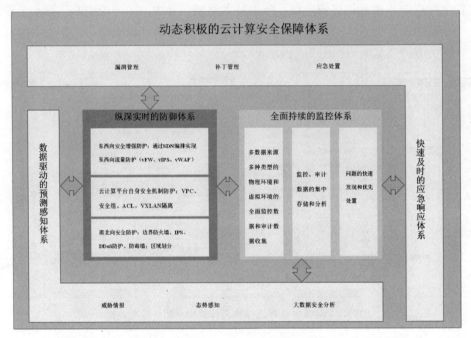

图 2-9　动态积极的云计算安全保障体系

3. 建立快速及时的应急响应体系

响应是在发现安全风险与安全威胁之后，快速采取相应的安全措施进行规避、抑制、清除与恢复的过程。响应的最终目的是止损，因此要求响应要尽可能快速、有效。

云计算安全体系中，应急响应体系以预测感知体系为基础，以安全防御体系和安全监控体系为手段，结合漏洞扫描设备、补丁管理系统，对发现的安全事件进行及时响应、快速处理。

4. 建立数据驱动的预测感知体系

建立数据驱动的预测感知体系需要建立内外部威胁情报系统，通过威胁情报研判事件发展的态势，并根据云中现状进行态势感知。同时，利用大数据技术进行数据分析和威胁溯源，实现对安全事件发生前的安全预测和感知，不断地根据安全态势调整安全防护策略，与安全防御体系和安全监测体系联动，将安全事件拒之门外。

2.2.3.4　云安全技术体系架构

云安全技术体系架构，依据 CSA 云安全框架，以及网络安全等级保护云计算安全防护技术框架，以弹性自适应云安全体系为核心理念，根据"一个中心、三重防护"安全设计思路，结合云安全现状和实际需求，进行规划设计，最终实现以云安全管理中心及安全资源池为核心，着力保护云边界安全、云计算环境安全及通信网络安全，同时为云上系统提供云安全能力，如图 2-10 所示。

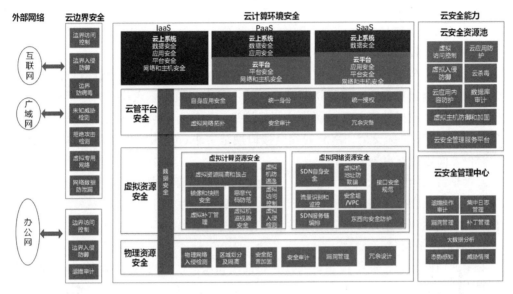

图 2-10　云安全技术体系架构

1. 一个中心

云安全管理中心不仅要覆盖物理网络、物理宿主机的统一安全管理，还需覆盖虚拟资源的管理、审计和安全分析。

通过云安全管理中心，实现对网络设备、安全设备、应用系统及云平台虚拟网络、虚拟机中的信息安全事件进行集中搜集、分析、安全预警。同时，云安全管理中心对云平台的漏洞和补丁进行统一管理。

云安全管理中心通过部署威胁情报体系、大数据安全分析体系和态势感知体系，对内外部信息安全威胁情报进行搜集和管理，通过对各类安全事件、审计数据、原始流量及云平台资产进行大数据安全分析，建立起云平台的安全态势感知体系，实现动态积极的安全保障体系。

2. 三重防护

"三重防护"具体是指对云边界、云计算环境和通信网络的防护，主要通过安全技术体系的建设来实现，并通过安全产品和安全机制使得三重防护行之有效。

云安全技术体系设计中，三重防护的具体控制措施如下。

1）云边界安全

在云互联网安全边界、广域网安全边界和管理运维边界处部署安全防护产品和安全防护手段，保障云物理边界安全。

通过分区分域，并对各安全区域之间，以及核心网络部署安全防护产品和安全防护手段，保障区域网络安全。

通过 VPC、虚拟防火墙、虚拟入侵检测、SDN 服务链编排、虚拟网络流量检测和审计等云安全防护产品和云安全防护手段，保障虚拟边界安全。

2）云计算环境安全

云计算环境安全包括物理资源安全、虚拟资源安全、云管平台安全、云上系统安全和数据安全。

物理资源安全包括宿主机安全和物理网络设备安全，主要从物理资源安全配置加固、安全审计、漏洞管理和冗余设计等方面进行安全规划设计。

虚拟资源安全包含虚拟计算资源安全和虚拟网络资源安全。虚拟计算资源安全主要从虚拟机监视器自身安全、虚拟资源隔离和独占、虚拟机防恶意代码、虚拟访问控制、虚拟入侵防范、虚拟补丁管理、镜像快照保护等方面进行安全规划设计；虚拟网络资源安全主要从 SDN 自身安全、南北向安全接口规范要求、虚拟机地址防欺骗、东西向安全防护等方面进行安全规划设计。

云管平台安全包含云管平台自身的安全性，包括云管平台的身份鉴别、访问控制、安全审计，以及虚拟网络拓扑实现及云管平台自身可靠性等。

数据安全包含数据完整性、可用性、数据加密脱敏等内容。

3）通信网络安全

安全通信网络包含网络传输时数据的完整性和保密性，包括通信网络的安全审计、通信网络的可用性等相关内容。

3. 云安全资源池

云安全资源池，主要为云上系统提供安全区域边界和安全计算环境两个层面的安全防护。通过将安全能力抽象和资源池化，由云安全管理平台进行统一归纳管理，并根据业务规模横向扩展资源池，满足不同云上系统的安全需求，实现云上系统的虚拟安全访问控制、入侵检测、恶意代码防范、云上数据库审计和云上系统应用安全防护等。

2.2.4 工控系统安全

2.2.4.1 面临的安全威胁

国际上，工业信息化正在迅猛发展，各种工业自动化控制系统正快速地从封闭、孤立的系统走向互联（包括与传统 IT 系统互联），日益广泛地采用以太网、TCP/IP 网络作为网络基础设施，将工业控制协议迁移到应用层；采用各种无线网络；广泛采用标准的 Windows 等商用操作系统、设备、中间件与各种通用技术。工业自动化控制系统的安全直接关系到各重点工业行业的生产安全。如何保证开放性越来越强的生产控制网络的安全性，是目前摆在用户及行业自动化制造商面前的难题。工业控制系统面临复杂的外部和内部威胁，主要集中在以下几个方面。

1. 外部攻击的发展

工业控制系统采用大量的 IT 技术，互联性逐步加强，神秘的面纱逐步被揭开，工业控制信息安全日益进入黑客的研究范围，国内外大型的信息安全交流会议已经把工业控制信息安全作为一个重要的讨论议题。随着黑客攻击技术的不断进步，攻击的手段日趋多样化，对于他们来说，入侵某个系统并成功破坏其完整性是很有可能的。例如，近几年发现的震网、Duqu、火焰、Havex等病毒证明黑客开始对工控系统感兴趣。

2. 内部威胁的加剧

从大量的网络安全专项调查结果可以看出，超过70%的安全威胁来自公司内部；在实际损失金额上，由于内部人员泄密导致的损失，是黑客攻击造成的损失的16倍，是病毒造成的损失的12倍。另外，据中国国家信息安全测评中心调查，信息安全的现实威胁也主要为内部信息泄露和内部人员犯罪，而非病毒和外来黑客攻击。

工业控制系统普遍缺乏网络准入和控制机制，上位机与下位机通信缺乏身份鉴别和认证机制，只要能够从协议层面跟下位机建立连接，即可以对下位机进行修改；普遍缺乏限制系统最高权限的限制，高权限账号往往掌握着数据库和业务系统的命脉，任何一个操作都可能导致数据的修改和泄露。缺乏事后追查的有效工具，也让责任划分和威胁追踪变得更加困难。

3. 应用软件的威胁

设备提供商提供的应用授权版本不可能十全十美，各种后门、漏洞等问题都有可能出现。出于对成本的考虑，工业控制系统的组态软件一般与其工控系统是同一家公司的产品，在测试节点问题容易隐藏，且组态软件的不成熟也会给系统带来威胁。

4. 第三方维护人员的威胁

工业控制系统建设在发展的过程中，因为战略定位和人力等诸多原因，会越来越多地将非核心业务外包给设备厂商。如何有效地管控设备厂商和运维人员的操作行为，并进行严格的审计是系统运营面临的一个关键问题。

5. 多种病毒的泛滥

病毒可以通过移动存储设备、外来运维的计算机、无线系统等进入系统，当病毒侵入网络后，会自动搜集有用信息，如关键业务指令、网络中传输的明文口令等，或者探测网内计算机的漏洞，向网内计算机传播病毒。由于病毒在网络中大规模地传播与复制，极大地消耗了网络资源，严重时有可能造成网络拥塞、网络风暴甚至网络瘫痪，这是影响工业控制系统网络安全的主要因素之一。

2.2.4.2 工控安全防护思路

参照《工业过程测量、控制和自动化 网络与系统信息安全》IEC 62443 对工业控制系统进行分区分域，分析工业控制系统面临的威胁，如图2-11所示。

在保证系统可用性的前提下，对工业控制系统进行防护，实现"垂直分层，水平分区。边界控制，内部监测"。

"垂直分层，水平分区"，即将工业控制系统垂直方向上划分为四层，即现场设备层、现场控制层、监督控制层、生产管理层；水平分区指各工业控制系统之间应该从网络上隔离开，处于不同的安全区。

"边界控制，内部监测"，即对系统边界（各操作站、工业控制系统连接处、无线网络等）要进行边界防护和准入控制等；对工业控制系统内部要监测网络流量数据，以发现入侵、业务异常、访问关系异常和流量异常等问题。

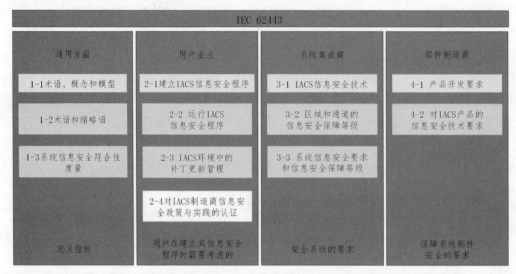

图 2-11　IEC 62443 对工业控制系统的分区分域

系统面临的主要安全威胁来自黑客攻击、恶意代码（病毒、蠕虫）、越权访问（非授权接入）、移动介质、弱口令、操作系统漏洞、误操作和业务异常等。因此，其安全防护应在以下方面进行重点完善和强化：

（1）入侵检测及防御。

（2）恶意代码防护。

（3）内部网络异常行为的检测。

（4）边界访问控制和系统访问控制策略。

（5）工业控制系统开发与维护的安全。

（6）身份认证和行为审计。

（7）账号唯一性和口令安全，尤其是管理员账号和口令的管理。

（8）操作站操作系统安全。

（9）移动存储介质的标记、权限控制和审计。

（10）设备物理安全。

2.2.4.3　工控安全保障体系设计

结合工业控制系统信息安全防护思路，将典型工业生产企业网络分为七层，即企业层、生产管理层、DMZ 区、工厂监视层、区域监视层、现场控制层、现场设备层。每一个工业控制系统应单独划分在一个区域里。

1. 企业层

企业层主要是企业资源相关系统，如 ERP、邮件系统、办公网络等。

2. 生产管理层

生产管理层主要是生产调度、详细生产流程、可靠性保证和站点范围内的控制优化相关的系统。

3. DMZ 区

DMZ 区被动接收工业控制网络数据，为生产管理层提供访问资源。

4. 工厂监视层

工厂监视层包括工厂级监督和控制设备，如调度中心，包括以下设备：

（1）人机界面 HMI、操作员站、负责组态的工程师站等。

（2）实时数据搜集与历史数据库、用于连接的服务器客户机等。

5. 区域监视层

区域监视层包括监督和控制实际生产过程的相关系统，包括以下设备：

（1）人机界面 HMI、操作员站、负责组态的工程师站等。

（2）监督控制功能，报警服务器及报警处理。

（3）实时数据搜集与历史数据库、用于连接的服务器客户机等。

6. 现场控制层

现场控制层对来自现场设备层的传感器所采集的数据进行操作，执行控制算法，输出到执行器（如控制阀门等）执行，该层通过现场总线或实时网络与现场设备层的传感器和执行器形成控制回路。该层控制功能可以是连续控制、顺序控制、批量控制和离散控制等类型，其设备包括但不限于以下几种：

（1）DCS 控制器。

（2）可编程逻辑控制器（PLC）。

（3）远程终端单元（RTU）。

7. 现场设备层

现场设备层对生产设施的现场设备进行数据采集和输出操作，包括所有连在现场总线或实时网络的传感器（模拟量和开关量输入）和执行器（模拟量和开关量输出）。

企业控制系统的网络安全域分层架构如图 2-12 所示。

根据"边界控制，内部监测"的防护思路，典型的工业控制网络安全防护架构如图 2-13 所示。

通过工业控制信息安全管理系统，对整个工业控制系统内的各个子系统和安全设备进行统一的安全监控和管理，对工业控制现场的控制设备、信息安全设备、网络设备、服务器、操作站等进行统一资产管理，并对各种设备的信息安全监控和报警、信息安全日志信息进行集中管理。根据安全审计策略对各类信息安全信息进行分类管理与查询，系统对各类信息安全报警和日志信息进行关联分析，展现全网的安全风险分布和趋势。

防护类措施如下：

（1）在区域边界处部署工业防火墙设备，实现 IP/端口的访问控制、应用层协议访问控制、流量控制等，或者部署网闸设备，切断网络链路层链接，完成两个网络的数据交换。

（2）在操作站、工程师站部署操作站安全系统，实现移动存储介质使用管理、软件黑白名单管理、联网控制、网络准入控制、安全配置管理等。

（3）现场运维审计与管理系统是手持移动设备，运维人员运维现场设备时先接入审计系统，再连接现场设备。审计系统可审计运维操作命令、运维工具使用录像等，也可进行防病毒、访问控制等安全防护。

监控检查类措施如下：

（1）在工业以太网交换机上镜像部署工控安全监视审计系统，检测工控系统内部入侵行为、异常操作行为，发现异常流量和异常访问间的关系等。

（2）部署工控漏洞扫描系统，在系统检修、停机或新系统上线时进行漏洞扫描，对漏洞进行修补。

（3）配备工控安全检查工具箱，在系统检修、停机或新系统上线时进行配置基线检查，重点关注操作站、工程师站、服务器等开放的服务，以及账号密码策略、协议的安全配置等问题，对风险进行安全加固。

（4）在企业层部署工控安全态势感知，汇总工业控制系统中部署的安全设备实时信息，进行大数据分析，为企业信息安全管理人员、技术人员提供实时态势监控。获取最新的威胁信息，包括漏洞、威胁文件、威胁 IP 等，为企业提供最新的威胁信息以供决策。

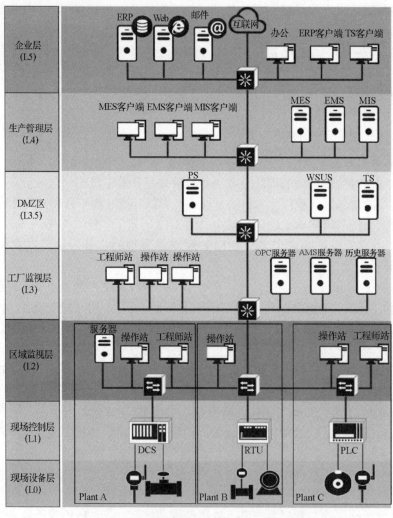

图 2-12　企业控制系统的网络安全域分层架构

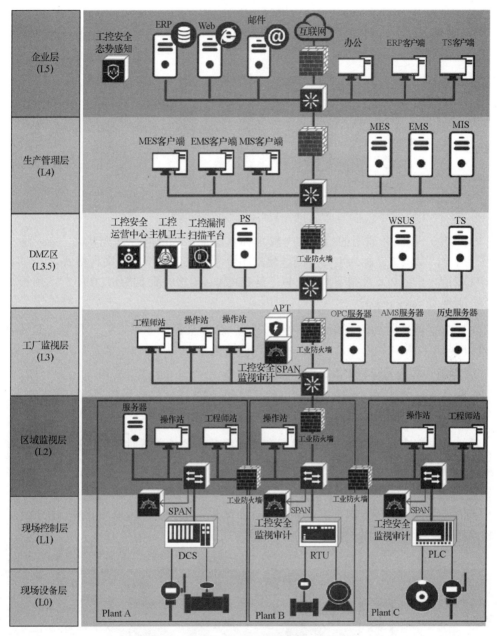

图 2-13　典型的工业控制网络安全防护架构

2.3　安全管理体系设计

2.3.1　管理体系模型

信息系统等级保护 2.0 标准基本要求中，安全管理由 5 个部分组成，分别是安全管理制度、安全管理机构、安全管理人员、安全建设管理、安全运维管理，如图 2-14 所示。

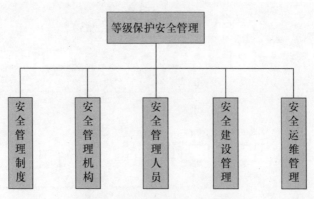

图 2-14　等级保护安全管理架构

ISO 27001 是国际通用的信息安全管理体系标准，以风险评估为基础，以信息安全方针为指导，以预防控制为主要原则，建立了金字塔式的四层制度文件格式。

ISO 27001 采用 PDCA 循环模型，以下是 PDCA 各阶段的简单描述，如图 2-15 所示。

1. 策划（建立 ISMS）

建立与管理风险和改进信息安全有关的信息安全管理体系方针、目标、过程和程序，提供与组织整体策略方针和目标相一致的结果。

2. 实施（实施与运行 ISMS）

实施和运行信息安全方针、控制措施、过程和程序。

3. 检查（监视与评审 ISMS）

对照信息安全管理体系方针、目标和实践经验，评估并适时测量过程业绩，将结果报告管理者以供评审。

4. 处置（保持与改进 ISMS）

在信息安全管理体系内部审核和管理评审结果的基础上，采取纠正和预防措施，以持续改进信息安全管理体系。

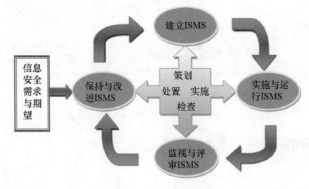

图 2-15　PDCA 循环模型

2.3.2　管理体系框架

网络安全管理体系框架依据等级保护 2.0 标准、ISO 27001 及行业监管要求进行设计。网络安全管理体系框架设计包括信息安全治理、信息安全管理、信息安全运行、系统建设安全、系统运维安全、综合安全管理6个领域，如图2-16所示。

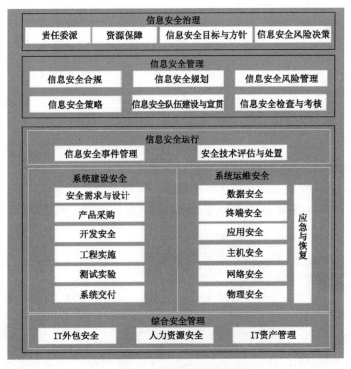

图 2-16 网络安全管理体系架构

网络安全管理体系6个领域的管理要求主要包含以下内容。

（1）信息安全治理：主要评估信息安全方向是否明确、相关方职责是否明晰、资源是否能够得到保障。

（2）信息安全管理：主要评估是否为信息安全工作建章立制，以及信息安全管理的各项工作是否正常开展。

（3）信息安全运行：主要评估如何开展日常信息安全运行评估与保障工作。

（4）系统建设安全：主要评估如何执行信息系统的建设、实施及上线运行过程中的信息安全控制。

（5）系统运维安全：主要评估日常运维中是否明确信息安全控制要求，并按要求执行。

（6）综合安全管理：主要评估如何执行 IT 外包、人力资源、资产管理的信息安全要求。

2.3.3 安全管理组织架构

网络安全管理组织架构设计包括信息安全决策层、信息安全管理层和信息安全执行层，如图2-17所示。

1. 信息安全决策层

信息安全决策层由信息安全领导小组担任，主要负责审定信息安全建设与应用总体规划、经费预算、技术标准、管理规范及相关政策措施；研究决定信息安全体系建设重大事项，监督信息安全体系规划的实施；及时解决项目建设过程中的决策问题，并对各项工作做出指示；审批、发布信息安全方针和管理体系；审批信息安全规划和项目。

2. 信息安全管理层

信息安全管理层由网络和信息安全办公室担任，主要负责确保信息安全建设满足法律法规、主管部门和信息安全领导小组的各项工作要求；推动信息安全体系建设，控制安全风险，提升全员信息安全意识。

3. 信息安全执行层

信息安全执行层由各业务处室、职能部门、各直属单位等部门要共同组成，负责贯彻、落实信息安全领导小组、网络和信息安全办公室及监管机构的信息安全管理要求，制定各业务处室、职能部门、直属单位的信息安全管理策略和管理机制，以满足法律法规、主管部门、外部监督机构的安全管理要求，实现信息安全愿景目标。

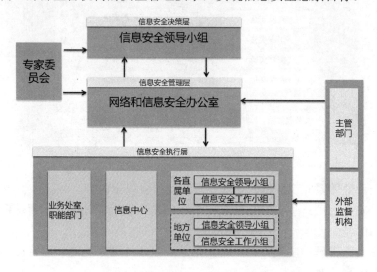

图 2-17　网络安全管理组织架构

2.3.4　安全管理制度体系

根据信息安全职能部门的职能梳理和信息安全管理事务的分属，各部门信息安全管理工作所需的管理制度也逐渐明确。信息安全管理制度体系的建立与部门设置结构和信息安全管理事务密切相关。

信息安全管理制度框架如图 2-18 所示，可以分为以下 4 层体系文件：

（1）信息安全方针层：总体方针。

（2）总体策略层：总体策略、管理手册。

（3）管理制度层：管理办法、管理规范、管理制度、管理规定、管理流程、操作流程、手册。

（4）记录层：工作流程、维护手册。

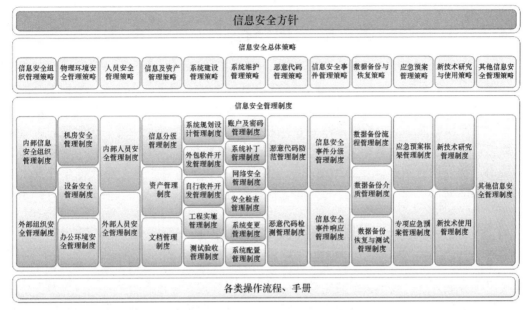

图 2-18　信息安全管理制度框架

2.4　数据安全体系设计

2.4.1　数据安全保护的重要性

随着数据成为资产、成为基础设施，通过数据组织生产力，数据成为国家发展的重要原生动力；数据驱动商业（Data Drive Business）成为新的商业发展的最大创新源泉。人类经过几百年的科技高速发展后，即将迎来智能时代，智能时代的决策基础就是数据和算法，数据的安全问题将引发企业和社会决策的安全问题。

《中华人民共和国网络安全法》要求网络运营者采取数据分类、重要数据备份和加密等措施，防止网络数据被窃取或篡改，加强对公民个人信息的保护，防止公民个人信息被非法获取、泄露或非法使用，要求关键信息基础设施的运营者在境内存储公民个人信息等。重要大数据管理和服务平台应按照等级保护安全设计要求对应用安全进行防护，同时考虑数据传输层的防护，围绕数据的全生命周期安全进行设计和实施，保障数据和服务的可靠性、可用性、真实性、有效性和保密性。

《中华人民共和国数据安全法》已于 2021 年 9 月 1 日起施行。目前，大数据在三个方面存在着巨大的安全风险：第一是个人数据过度采集和使用，造成重大社会安全风险；第二是数据处理缺乏防护措施和手段，存在严重技术安全隐患；第三是隐私信息易于获取，导致地下网络犯罪高发。这些数据安全风险将严重影响大数据战略的发展。

2.4.2　数据安全保护的实现路径

依据《信息安全技术　网络安全等级保护基本要求》（GB/T 22239—2019）、《信息安全技术　个人信息安全规范》（GB/T 35273—2020）、《信息安全技术　数据安全能力成熟度模型》（GB/T 37988—2019）等国家数据安全政策标准进行设计实施，实现围绕数据全生命周期的安全防护体系，对数据采集、传输、存储、使用等各个阶段，综合运用敏感数据分类分级、数据防泄露、数据脱敏、敏感数据检查、数据审计、数据加密等手段，建设闭环数据安全防护体系，有效地防止数据泄露、数据篡改等事件发生，实现数据的安全可控。

2.4.3　数据安全保障体系架构设计

建设数据安全保障体系，以数据为中心，围绕数据采集、数据传输、数据存储、数据使用、数据共享、数据销毁的完整生命周期，由管理和技术两个主体构成。基于数据实际使用场景，在管理规范框架下形成完备的数据安全策略和落地措施，对实际业务场景中的数据泄露，以及敏感信息非授权访问等风险形成有效的安全防护，最终形成数据安全防护的闭环管理链条，完成数据安全的防护目标，如图2-19所示。

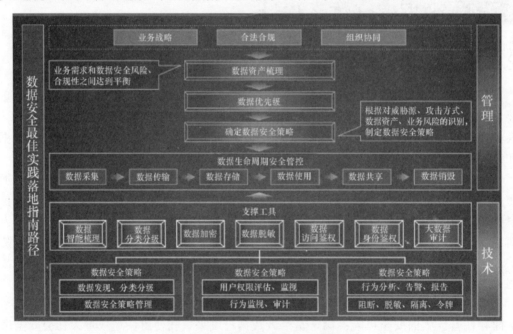

图 2-19　数据安全保障体系架构

在建设数据安全保障体系的过程中，要特别注意以下方面。

（1）数据分类分级：数据分类是指针对数据来源、数据种类（数据集）、业务属性（数据项）等划分数据类别，构建科学合理的数据分类管理体系。数据分级是指针对数据内容的敏感程度或数据的开放范围划分数据级别，构建完善的数据分级管理体系。利用数据分类分级结果对数据进行标识，配合数据授权、数据鉴权，确保数据的安全使用。

（2）数据采集安全：数据采集是数据生命周期的初始阶段。数据采集阶段的数据质量事关数据在整个生命周期后续阶段中的处理、分析和应用，具有极其重要的基础性作用。对采集人员身份进行鉴别，防止第三方恶意假冒采集人员身份非法采集数据；对采集的数据进行分类分级，便于在后续各阶段根据数据类别、级别进行相应的安全管控。数据采集安全包括数据传输安全和采集设备认证能力。

（3）数据接入安全：在数据接入过程中，采用数据公共服务和数据读取访问控制技术保障数据接入安全。数据公共服务是针对数据接入环节，对数据提供方和数据接入方在某一公共时间节点数据的完整性、一致性、正确性进行核对和检验。在调用数据公共服务的过程中，应验证调用主体的身份，并鉴别访问请求权限。数据读取访问控制是指在数据源采集设备抽取数据或从指定位置读取数据的过程中，应验证设备身份，并鉴别访问请求权限。

（4）数据处理安全：数据处理主要包括数据提取、数据清洗、数据关联、数据比对、数据标识和数据分发，为数据组织和数据服务提供支撑。在数据分发服务阶段将数据处理结果分发到数据资源库的过程中，需要对数据资源库账号进行安全管理，以保障数据安全。数据处理安全包含数据治理安全、数据授权、数据鉴权、数据操作审计、运维和测试数据脱敏、高敏感数据加密等能力。

（5）数据组织安全：数据组织是指根据数据应用需求，按照事先定义的标准统一、流程规范的组织方案，实现数据资源分类建库。数据组织主要包括原始库、资源库、主题库、知识库、业务库、业务要素索引库等。通过文件加密、数据库加密等方式，保障数据存储安全。

（6）数据服务安全：数据服务是指各类数据资源对外提供的访问和管理能力，数据资源包括原始库、资源库、主题库、业务库、知识库及元数据、数据资源目录等。采用数据服务化、数据服务访问控制、数据授权、数据鉴权、数据泄露检测、数据销毁等技术，保障数据服务安全。

2.5 规划设计阶段的工作重点

规划设计主要通过安全现状分析、安全差距分析、体系框架设计、信息安全设计和项目实施蓝图设计几个方面的内容来实现。

1. 安全现状分析阶段

安全现状分析是进行规划设计的基础，通过调查问卷、人员访谈、交流讨论、文档查阅、实地调查等多种方式，对物理网络环境、主机系统、应用系统、数据资产、安全管理情况等进行详细的调研分析，形成目前信息安全现状分析。

2. 安全差距分析阶段

在明确信息安全现状和未来发展目标后，进行安全差距分析，即从技术、管理、数据方面发现现存的信息安全问题。

3. 体系框架设计阶段

体系框架设计有两个主要内容，即信息安全目标和信息安全策略。信息安全目标是在安全技术现状的基础上，指明未来 3～5 年信息安全建设发展的方向和目标；信息安全策略用以指导信息安全建设，是为达到信息安全目标而提出的信息安全建设要求和建设内容。信息安全体系框架设计是以信息系统的实际情况和安全现状为基础，充分利用成熟的信息安全理论成果，在信息安全目标和信息策略的指导下，设计出信息安全体系框架。

4. 信息安全设计阶段

信息安全设计主要是为减少信息安全差距提出的信息安全需求，将为安全需求选择的改进措施按一定的原则归类组合成可实施的项目，尽可能地将同类的或目标相近的措施合并到一个项目中，最终形成各项目的规划设计。

5. 项目实施蓝图设计阶段

项目实施蓝图设计是通过分析项目之间的关联性和逻辑性，进行未来 3～5 年的信息安全技术项目的实施蓝图设计，形成信息安全技术保障体系。

第3章 部署实施

在企业整体 IT 信息化建设过程中，对服务及产品的部署实施是一个必要的环节，部署什么、如何部署，需要依据前期的安全规划设计方案实施。本章主要介绍在 IT 生命周期中各阶段主要的安全服务行为及产品控制手段。

3.1 系统安全开发

1. 安全开发生命周期

安全开发生命周期（Security Development Lifecycle，SDL），是微软公司提出的从安全角度指导软件开发过程的管理模式。SDL 不是一个空想的理论模型，它是微软公司为了面对现实世界中的安全挑战，在实践中一步一步发展起来的软件开发模式。

典型的软件开发流程中，如瀑布模型，是围绕产品功能设计的，完全没有安全方面的考虑。这样的开发流程可以造就功能上相对完善的软件，但是无法满足安全上的需要。由于软件开发过程中未进行任何有效的安全控制，导致软件开发后由于其固有的安全隐患所引起的安全事件频频发生，给黑客及恶意人员以可乘之机，由此导致的经济损失不可估量。

虽然目前企业和组织已经逐步意识到软件安全的重要性，但是他们把目光更多地聚焦到了软件开发后的漏洞扫描或渗透测试。尽管这个过程能够发现和解决大多数的安全隐患，但是后期的安全评估和安全整改将带来更大的成本投入和人力投入，甚至由于开发人员的流动导致许多安全漏洞无法得到解决。据美国国家标准局（NIST）早年发表的一份调查报告估计，更好的安全控制措施将为后期安全整改的总体成本节省三分之一以上的费用，且有效地规避了 70%以上的由于软件安全隐患所引发的安全事件。

2. SDL 优化模型

关于 SDL 优化，可以参考 Microsoft SDL 优化模型。将安全开发概念整合到现有的开发过程时，如果方式不当，可能会造成不利的局面且成本高昂。成功还是失败，通常取决于组织的规模、资源（时间、人才和预算）及高层支持等因素。理解良好安全开发实践的要素，根据开发团队的成熟度水平确定实施优先级，可以控制这些无形因素的影响。

SDL 优化模型围绕以下 5 个功能领域构建，这些领域大致与软件开发生命周期的各个阶段相对应。

（1）培训、政策和组织功能。

（2）要求和设计。

（3）实施。

（4）验证。

（5）发布和响应。

此外，针对这些领域中的实践和功能，SDL 优化模型还定义了 4 个成熟度水平，即基本、标准化、高级和动态。SDL 优化模型如图 3-1 所示。

图 3-1　SDL 优化模型

SDL 优化模型从基本成熟度水平（几乎或完全没有任何过程、培训和工具）开始，发展到动态水平（整个组织完全遵循 SDL），完全遵循 SDL，包括高效的过程、训练有素的人员、专用工具及组织内部和外部各方的强烈责任感。

本节重点讨论达到"高级"成熟度水平所需的任务和过程。也就是说，只要组织在前述 5 个功能领域都具备实力，就完全可以进行 SDL 实践。

与其他软件成熟度模型相比，Microsoft SDL 优化模型侧重于开发过程的改进。它提供了可操作的说明性指南，说明如何从较低水平的过程成熟度发展为较高水平，而不采用其他优化模型的"列表的列表"方法。

3. SDL 适用条件

对于将实施 SDL 控制的项目类型，为组织设定明确的预期值是非常重要的。根据实践经验可知，具备以下一个或多个特征的应用程序应实施 SDL 控制。

（1）在业务或企业环境中部署。

（2）处理个人可识别信息（PII）或其他敏感信息。

（3）定期通过 Internet 或其他网络进行通信。

计算技术无处不在，威胁环境不断变化。因此，更方便的方式可能是确定不需要实施安全控制（如 SDL 安全控制）的应用程序开发项目。

4. SDL 安全活动

通过对 Microsoft SDL 过程的分析，SDL 是一组必需的安全活动，这些活动的执行顺序与其显示顺序相同，按传统软件开发生命周期（SDLC）的阶段分组。讨论的许多活动在独立实施时都具有某种程度的安全优势。不过，微软公司的实践经验表明，将安全活动作为软件开发过程中的一部分来执行，其安全效益大于零散或临时实施的安全活动。

为了实现所需安全和隐私目标，项目团队或安全顾问可以自行决定添加可选的安全活动。安全开发生命周期的安全活动如图 3-2 所示。

图 3-2 安全开发生命周期的安全活动（简化版）

需要注意的是，组织应注重各阶段产生输出的质量和完整性。以 SDL 优化模型的高级和动态水平运营的组织应具备一定程度的安全过程复杂性。尽管如此，这并不影响威胁模型的产生方式，如通过与开发团队进行白板会议产生威胁模型，在文档中以叙述形式描述威胁模型，或者使用专用工具（如 SDL 威胁建模工具）生成威胁模型。采用高效的工具和自动化的确会使 SDL 过程受益，但其实际价值在于可以获得全面而准确的结果。

3.1.1 安全培训

软件开发团队的所有成员都必须接受适当的培训，了解安全基础知识及安全和隐私方面的最新趋势。直接参与软件程序开发的技术人员（开发人员、测试人员和程序经理）每年必须参加至少一门特有的安全培训课程。

基本软件安全培训应涵盖的内容主要包括以下 5 个方面。

1. 安全设计

安全设计包括以下主题：

（1）减小攻击面。

（2）深度防御。

（3）最小权限原则。

（4）安全默认设置。

（5）安全合规控制要求。

2. 威胁建模

威胁建模包括以下主题：

（1）威胁建模概述。

（2）威胁模型的设计意义。

（3）基于威胁模型的编码约束。

3. 安全编码

安全编码包括以下主题：

（1）缓冲区溢出（对于使用 C 和 C++语言的应用程序）。

（2）整数算法错误（对于使用 C 和 C++语言的应用程序）。

（3）跨站点脚本（对于托管代码和 Web 应用程序）。

（4）SQL 注入（对于托管代码和 Web 应用程序）。

4．弱加密安全测试

弱加密安全测试包括以下主题：

（1）安全测试与功能测试之间的区别。

（2）风险评估。

（3）安全测试方法。

5．隐私

隐私包括以下主题：

（1）隐私敏感数据的类型。

（2）隐私设计最佳实践。

（3）风险评估。

（4）隐私开发最佳实践。

（5）隐私测试最佳实践。

开发前的培训为开发人员提供了足够的知识基础。在时间和资源允许的情况下，可能进行高级概念方面的培训。示例包括但不限于以下方面：

（1）高级安全设计和体系结构。

（2）可信用户界面设计。

（3）安全漏洞细节。

（4）实施自定义威胁缓解。

3.1.2　安全需求

3.1.2.1　安全需求

"预先"考虑安全和隐私是开发安全系统过程的基础环节。为软件项目定义信任度需求的最佳时间是初始计划阶段。尽早定义需求有助于开发团队确定关键里程碑和交付成果，并使集成安全和隐私的过程尽量不影响计划和安排。对安全和隐私需求的分析在项目初期执行，所做的工作涉及为设计在计划运行环境中运行的应用程序确定最低安全需求，并确立和部署安全漏洞/工作项跟踪系统。

3.1.2.2　质量和 Bug 规范

质量和 Bug 规范用于确立安全和隐私质量的最低可接受级别。在项目开始时定义这些标准可加强对安全问题相关风险的理解，并有助于团队在开发过程中发现和修复安全Bug。项目团队必须协商确定每个开发阶段的质量级别，随后将质量级别交由安全顾问审批。安全顾问可以根据需要添加特定项目的说明及更加严格的安全要求。另外，项目团队须阐明其对商定安全的遵从性，以便完成最终安全评析。

Bug 规范应用于整个软件开发项目的质量级别。它用于定义安全漏洞的严重性阈值。例如，应用程序在发布时不得包含具有"关键"或"重要"评级的已知漏洞。Bug

规范一经设定，便绝不能放松。动态 Bug 规范是一种不断变化的目标，可能不便于开发组织的理解。

3.1.2.3　安全和隐私风险评估

安全风险评估和隐私风险评估是必需的过程，用于确定软件中需要深入评析的功能环节。这些评估必须包括以下内容：

（1）（安全）项目的哪些部分在发布前需要威胁模型？

（2）（安全）项目的哪些部分在发布前需要进行安全设计评析？

（3）（安全）项目的哪些部分（如果有）需要由不属于项目团队且双方认可的小组进行渗透测试？

（4）（安全）是否存在安全顾问认为有必要增加的测试或分析要求以缓解安全风险？

（5）（安全）模糊测试要求的具体范围是什么？

（6）（隐私）隐私对评级的影响如何？应基于以下准则回答此问题：

a）高隐私风险。功能、产品或服务将存储或传输个人验证信息（PII），更改设置或文件类型关联，或者是安装软件。

b）中等隐私风险。功能、产品或服务中影响隐私的唯一行为是用户启动的一次性匿名数据传输（如软件在用户单击链接后转到外部网站）。

c）低隐私风险。功能、产品或服务中不存在影响隐私的行为。不传输匿名或个人数据，不在计算机上存储个人验证信息（PII），不代表用户更改设置，并且不安装软件。

3.1.3　安全设计

3.1.3.1　设计要求

影响项目设计信任度的最佳时间是项目生命周期的早期。在设计阶段应仔细考虑安全和隐私问题，这一点至关重要。如果在项目生命周期的开始阶段执行缓解措施，则缓解安全和隐私问题的成本会低得多。项目团队应避免在项目开发将近结束时"插入"安全和隐私功能及缓解措施。

另外，项目团队还必须理解"安全的功能"与"安全功能"之间的区别。实现的安全功能实际上很可能是不安全的。"安全的功能"定义为在安全方面进行了完善设计的功能，如在处理之前对所有数据进行严格验证或通过加密方式可靠地实现加密服务；"安全功能"描述具有安全影响的程序功能，如 Kerberos 身份验证或防火墙。

设计要求开发活动包含一些必需行动，包括创建安全和隐私设计规范、规范评析及最低加密设计要求规范。设计规范应描述用户会直接接触的安全或隐私功能，如需要用户身份验证才能访问特定数据或在使用高风险隐私功能前需要用户同意的那些功能。此外，所有设计规范都应描述如何安全地实现给定特性或功能所提供的全部功能。针对应用程序的功能规范验证设计规范是个好做法。功能规范应做到以下两点：

（1）准确完整地描述特性或功能的预期用途。

（2）描述如何以安全的方式部署特性或功能。

在此环节，主要应考虑将正式的异常或 Bug 递延方法纳入所有软件开发过程。许多应用程序基于原有的设计和代码而构建，因此由于技术方面的约束，可能需要推迟实施某些安全或隐私措施。

3.1.3.2 减小攻击面

针对系统的攻击面我们可从点击劫持、数据包嗅探、参数篡改、XSS、CSRF、0day、XML 注入、目录遍历、SQL 注入、伪造令牌、直接对象引用等常见的攻击面入手，在系统开发设计阶段引入攻击面安全开发控制，需要安全咨询顾问对攻击面的全面性进行评判，制定最终的安全控制规则。

减小攻击面与威胁建模紧密相关，不过它解决安全问题的角度稍有不同。减小攻击面通过减少攻击者利用潜在弱点或漏洞的机会来降低风险。减小攻击面包括关闭或限制对系统服务的访问、应用最小权限原则及尽可能进行分层防御。

3.1.3.3 威胁建模

威胁建模用于存在重大安全风险的环境中。这一实践使开发团队可以在其计划的运行环境背景下，以结构化方式考虑、记录并讨论设计的安全影响。通过威胁建模还可以考虑组件或应用程序级别的安全问题。威胁建模是一项团队活动（涉及项目经理、开发人员和测试人员），并且是软件开发设计阶段执行的主要安全分析任务。

威胁建模的目的在于在更大程度上找出或发现系统面临的潜在攻击威胁，需要从攻击源、攻击目标、攻击路径等方面对系统攻击威胁进行分析。

1. 攻击目标

系统的攻击目标是指系统暴露在攻击源的攻击范围之内，能够被攻击源攻击的系统资产和组件，或者被攻击源攻破某一目标资产后，延展和持续攻击辐射到的目标资产。影响攻击目标的因素包括部署网络环境、操作系统（物理机或虚拟机）、运行环境、应用（中间件、组件、插件）、业务系统、人员等。

2. 攻击源分析

依据《信息安全技术　信息安全风险评估规范》（GB/T 20984—2007），将威胁来源分为环境因素和人为因素。评估内容需要与安全目标保持一致，从安全的角度出发，主要分析系统人为威胁的主动攻击源。在系统的部署模式、服务模式和运维管理模式基础上，以业务应用流程为切入点，对攻击面进行全面识别分析。可能面临的攻击面包括外部恶意攻击者、内部恶意运维人员、云内部恶意运维人员（如有云环境）、办公区及运维区内部恶意运维人员，4 个攻击面都有可能成为攻击入口。

（1）外部恶意攻击者主要包含系统恶意人员和外部黑客、间谍、敌对组织和敌对国家等。

（2）内部恶意运维人员主要包括 CDN 内部的恶意人员，可以通过 CDN 运维界面直接对 CDN 系统进行攻击；DNS 内部恶意运维人员指对 DNS 进行恶意攻击的内部人员。

（3）云内部恶意运维人员包括云平台运维人员、云控制台运维人员等。

（4）办公区及运维区内部恶意运维人员指能够进出运维专区和业务区的人员，可以通过运维区直接攻击系统。

3. 攻击路径

攻击路径是指攻击源为攻击系统，通过确定攻击目标可能存在的攻击点，使用针对性的攻击方法达到一定的攻击目标而设计的一套攻击流程。攻击路径梳理可从外部攻击者和内部攻击者两个层面进行，影响外部攻击者攻击路径的因素有网络、应用程序、系统框架、业务系统、运行环境、部署环境、账号等；影响内部攻击者攻击路径的因素有管理员、研发人员、系统使用人员、运营人员、内部人员、操作系统等。

3.1.4 编码实施

1. 使用批准的工具及编码规范

在整个系统开发的过程中，开发团队应定义并发布获准工具、关联安全检查的列表、安全编码规范等，如编译器/链接器选项和警告，此列表应由项目团队的安全顾问批准。一般而言，开发团队应尽量使用最新版本的获准工具，以利用新的安全分析功能和保护措施。另外，在安全开发中安全顾问应确认批准安全编码规范，所有开发人员应该参照安全编码规范进行代码编写，减少代码安全隐患，尽量减少后续代码的安全加固工作。

2. 弃用不安全的函数

许多常用函数和 API 在当前威胁环境下并不安全。项目团队应分析将与软件开发项目结合使用的所有函数和 API，并禁用确定为不安全的函数和 API。确定禁用列表之后，项目团队应使用头文件（如 banned.h 和 strsafe.h）、较新的编译器或代码扫描工具来检查代码（在适当的情况下还包括旧代码）中是否存在禁用函数，并使用更安全的备选函数替代这些禁用函数。

项目团队应定期分析开发框架及源码是否为开源，开源框架和源码需要由安全咨询顾问进行安全评定，以确定是否存在已知或未知的安全隐患，尽量避免直接引用开源的代码。

3. 静态分析

项目团队应对源代码执行静态分析。源代码静态分析为安全代码评析提供了可伸缩性，可以帮助确保遵守安全代码策略。静态代码分析通常不足以替代人工代码评析。安全团队和安全顾问应了解静态分析工具的优点和缺点，并准备好根据需要为静态分析工具辅以其他工具或人工评析。

3.1.5 安全验证

1. 动态程序分析

为确保软件程序功能按照预定的设计方式工作，有必要对软件程序进行运行时验证。此验证任务应指定一些工具，用以监控应用程序行为是否存在内存损坏、用户权限问题及其他重要安全问题。整个安全开发生命周期过程中使用调试工具（如 AppVerifier），以及其他方法（如模糊测试）来实现所需级别的安全测试覆盖率。

2. 模糊测试

模糊测试是一种专门形式的动态分析，它通过故意向应用程序引入不良格式或随机数据诱发程序故障。模糊测试策略的制定以应用程序的预期用途及应用程序的功能和设计规范为基础。安全顾问可能要求进行额外的模糊测试，或者扩大模糊测试的范围和增加持续时间。

3. 威胁模型和攻击面评析

应用程序经常会严重偏离在软件开发项目要求和设计阶段所制定的功能和设计规范。因此，在给定应用程序完成编码后重新评析其威胁模型和攻击面度量是非常重要的。此评析可以确保考虑对系统设计或实现方面所做的全部更改，并确保因这些更改而形成的所有新攻击平台得到评析和缓解。

3.1.6 上线发布

1. 事件响应计划

受 SDL 要求约束的每个软件发布都必须包含事件响应计划，即使在发布时不包含任何已知漏洞的程序也可能面临日后新出现的威胁。事件响应计划应包括以下内容：

（1）单独指定的可持续工程（SE）团队；或者如果团队太小以至于无法拥有 SE 资源，则应制定紧急响应计划（ERP），在该计划中确定相应的工程、市场营销、通信和管理人员充当发生安全紧急事件时的首要联系点。

（2）与决策机构的电话联系（7×24 小时随时畅通）。

（3）针对从组织中其他小组继承的代码的安全维护计划。

（4）针对获得许可的第三方代码的安全维护计划，包括文件名、版本、源代码、第三方联系信息及要更改的合同许可（如果适用）。

2. 最终安全评析

最终安全评析（FSR）是在发布之前仔细检查对软件应用程序执行的所有安全活动。FSR 由安全顾问在普通开发人员，以及安全和隐私团队负责人的协助下执行。FSR 不是"渗透和修补"活动，也不是用于执行以前忽略或忘记的安全活动的时机。FSR 通常要根据以前确定的质量或 Bug 规范检查威胁模型、异常请求、工具输出和性能。通过 FSR 将得出以下 3 种不同的结果：

（1）第一种是通过 FSR。在 FSR 过程中确定的所有安全和隐私问题都已得到修复或缓解。

（2）第二种是通过 FSR 但有异常。在 FSR 过程中确定的所有安全和隐私问题都已得到修复或缓解，并且/或者所有异常都已得到圆满解决。无法解决的问题（如由以往的"设计水平"问题导致的漏洞）将被记录下来，在下次发布时更正。

（3）第三种是需上报问题的 FSR。如果团队未满足所有 SDL 要求，并且安全顾问和产品团队无法达成可接受的折中，则安全顾问不能批准项目，项目不能发布。团队必须在发布之前解决所有可以解决的 SDL 要求问题，或上报给高级管理层进行抉择。

3. 发布/存档

发布软件是生产版本（RTM）还是 Web 版本（RTW）取决于 SDL 过程完成时的条件。负责发布事宜的安全顾问必须证明（使用 FSR 和其他数据）项目团队已满足安全要求。同样，对于至少有一个组件具有隐私影响评级的所有产品，项目的隐私顾问必须先证明项目团队满足隐私要求，然后才能交付软件。

此外，必须对所有相关信息和数据进行存档，以便可以对软件进行发布后维护。这些信息和数据包括所有规范、源代码、二进制文件、专用符号、威胁模型、文档、紧急响应计划、任何第三方软件的许可证和服务条款，以及执行发布后维护任务所需的任何其他数据。

4. 可选的安全活动

可选的安全活动通常在软件应用程序可能用于重要环境或方案时执行。这些活动通常由安全顾问在附加商定要求时集中指定，以确保对某些软件组件进行更高级别的安全分析。本节中的内容可作为可选安全任务的示例，但不应将其视为详尽列表。

5. 渗透测试

渗透测试是对软件系统进行的白盒安全分析，由高技能安全专业人员通过模拟黑客操作执行。渗透测试的目的是发现由于编码错误、系统配置错误或其他运行部署弱点导致的潜在漏洞。渗透测试通常与自动及人工代码评析一起执行，以提供比平常更高级别的分析。

6. 相似应用程序的漏洞分析

在 Internet 上可以找到许多声誉良好的有关软件漏洞的信息。在某些情况下，通过对在类似软件应用程序中发现的漏洞进行分析，可以为发现所开发软件中的潜在设计或实现问题获得一些启迪。

3.2 服务方案

3.2.1 资产管理服务

如果要入侵一台服务器，可以从开放的端口服务下手；如果要入侵一家企业，可以从互联网上暴露的资产进行探测，主要围绕域名、IP 进行信息搜集。

企业有多少资产暴露在外网值得我们去梳理和探讨，通过防火墙发布外网，这里的内外网映射关系＋域名解析记录，构成了一条完整的网络链路，而这些链路决定了企业有多少资产暴露在互联网上。不少企业都存在资产不清晰的问题、各种历史遗留问题，如业务端口开通没有进行登记管理，或因项目交接、人员调动等客观因素，导致企业外网资产一直处于混乱状态，隐形资产成了攻击者的切入点。

站在攻击者的角度来做防护，我们需要做一个全面的信息资产梳理。主要的梳理思路如下：内外网 IP 与端口映射→确认服务器管理员→业务系统及描述→域名访问地址。

面对几百条甚至上千条映射规则，一条条重新梳理过去，是个极其考验耐性的任务。在梳理的过程中，会发现一些显而易见却往往被忽视的安全风险问题，例如：

（1）外网开放了高危端口，如 3306、1521 等数据库敏感端口。

（2）内部应用系统开放外网访问。

（3）只需开放移动端，却把 PC 端和管理后台一起开放到了外网。

（4）不再使用的旧系统或已完成测试的业务系统没有做下线操作。

（5）服务器资源已回收，网络链路关系未清除，服务器 IP 重新分配给新的业务系统，导致新的业务系统被放到了外网。

从这些安全风险来看，本质上，我们应亟须解决以下两个比较核心的问题：

（1）开放了哪些业务端口，这些业务端口是否存在风险？

（2）缺乏有效的回收机制，不良资产如何及时进行回收？

我们可以采取一些改进措施，来进一步加强和改进外网资产管理，从以下 4 个方面入手，进行外网资产安全治理：

（1）资产梳理。全面梳理当前业务系统的使用状况，并以此作为模板，做到线上线下统一。

（2）清理回收。在资产梳理的基础上，清理停止更新维护的旧系统或已完成测试的业务系统，并形成有效的资产回收机制，从域名解析＋内外网映射＋服务器资源，做到资源回收一条龙服务。

（3）登记审核。对新的业务系统进行登记审核，评估业务开放的合理性。业务开通登记，确认业务使用用途，临时或永久，对所要开放的业务进行安全评估。

（4）定期盘点。对资产清单定期进行清查，发现不符的及时通知整改。

外网资产梳理本质上是搞清楚每一条域名解析所指向的业务及访问地址，弄明白内外网 IP 与端口映射。

资产业务流：子域名→外网 IP＋端口→内网 IP＋端口→业务描述→负责人。

资产回收流：负责人确认停止维护→子域名取消→内外网映射 disable→服务器资源回收。

作为一个安全/运维工程师，我们所管理的资源就是企业的信息资产。例如，域名管理，如果你只是关注域名什么时候到期，那么你做得就太过于粗糙了。这里，还有一个很重要的工作就是域名解析，把每一次的域名解析当成资产租借关系的话，你就会在意你的每一笔资产支出是借给了谁，它的用途是什么，长期租用还是短期借用，什么时候可以归还及如何减少坏账损失。

资产梳理从混乱到有序，如何进一步做好企业资产管理，这是一个值得去深究的问题。

3.2.2 网络架构分析

网络架构的安全程度同样符合木桶原理，即最终的安全性取决于网络中最薄弱的一个环节。信息系统的网络架构安全分析是通过对整个组织的网络体系进行深入调研，以国内外安全标准和技术框架为指导,对企业或组织相关系统的网络架构安全性进行全面的检查分析,从整体结构合理性、设计与实际符合性及策略优化调整给出评估建议。网络架构安全分析可以从区域划分合理性、业务类型及分布安全分析、高可用性、安全策略等层面入手。

1. 网络架构安全分析内容

在进行网络架构安全分析的过程中,通常采用访谈及专家分析等方式进行,主要评估内容如下:

（1）网络建设的规范性:网络安全规范、设备命名规范、网络架构安全性。

（2）网络可靠性分析:网络设备和链路冗余、设备选型及可扩展性。

（3）网络边界安全:网络设备的 ACL、防火墙、网闸、物理隔离、VLAN 等。

（4）网络协议安全:路由、交换、组播、IGMP 等协议。

（5）网络流量分析:带宽流量分析、异常流量分析、QoS 配置分析、拒绝服务能力等。

（6）网络通信安全:通信监控、通信加密、VPN 分析等。

（7）设备自身安全:SNMP、口令、设备版本、系统漏洞、服务、端口等。

（8）网络安全管理:网管系统、客户端远程登录协议、日志审计、设备身份验证等。

2. 网络性能与业务负载分析

网络性能与业务负载分析主要分析和测量网络内部网络的网络性能状况;分析测量网络内部网络的业务负载状况。通过此分析能够分析测量网络内部网络的网络性能状况是否能够满足业务负载状况的要求。

分析的内容包括:网络性能分析测量;网络性能"瓶颈"分析;业务数据流量方向;业务峰值流量测量;业务峰值时段测量。

分析方式可以通过调查交流、工具检测等,最终得出网络内部网络的网络性能及业务负载匹配状况。

3. 访问控制策略与措施分析

访问控制策略与措施分析主要是分析网络内部网的访问控制策略与措施的安全状况。通过评估网络内部网的访问控制策略与措施的安全状况,协助网络进行访问控制策略和措施的优化改进。

分析的内容可以是网络设备、安全设备的访问控制策略,如防火墙的访问控制策略、操作系统的访问控制策略、其他访问控制策略等。

分析方式可以通过调查交流、实地操作查看等方式。最终针对企业或组织内部网络的访问控制策略和措施现状,提出改进优化建议。

4. 网络设备策略与配置分析

网络设备策略与配置分析主要是分析现有网络设备的配置和使用状况,考察网络设备的有效性、安全性。通过分析协助企业或组织改进网络设备的安全配置,优化其服务性能。

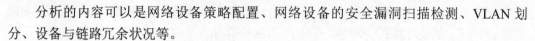

分析的内容可以是网络设备策略配置、网络设备的安全漏洞扫描检测、VLAN 划分、设备与链路冗余状况等。

分析方式可通过调查交流、实地操作查看等方式，最终针对企业或组织网络内部网络设备策略和配置状况提出优化建议。

5. 安全设备策略与配置分析

安全设备策略与配置分析主要是分析现有安全设备的配置和使用状况，考察安全设备的有效性。通过分析协助企业或组织优化安全设备的效用，生成新的安全技术和设备配置需求。

分析内容可以对防毒墙、IDS、防火墙、加密系统、认证系统、Scanner、网站等系统的完整性进行分析，对设备部署位置、策略管理、效用等进行分析。

分析方式可以通过调查交流、实地操作查看等方式，最终针对企业或组织内部网络的安全设备策略配置状况提出优化改进建议。

3.2.3 威胁建模服务

威胁建模服务较常规的服务内容更加偏向于人的能力体现，对于企业来说，威胁建模服务是十分必要的。我们可以通过对企业核心业务系统的受攻击面进行建模分析，从攻击源、攻击路径等层面进行分析，尽可能多地发现核心业务系统可能遭受的攻击源和攻击路径，通过对攻击源和攻击路径的分析，使得企业防守人员可在各源头和攻击路径上进行封堵防护，保障企业核心业务系统安全。

1. 分析服务

我们在进行威胁分析时可从以下两个方面进行分析。

（1）攻击源分析。威胁建模需要根据企业或组织网络架构及业务系统部署环境来进行分析，通过常规网络环境，业务系统可能面临外部恶意攻击者、CDN 内部恶意运维人员、DNS 内部恶意运维人员、办公区及运维区内部恶意运维人员等的攻击。

（2）攻击路径分析。攻击路径分析主要针对企业或组织核心业务系统所面临的攻击路径，攻击路径包括边界网络、办公网络、核心网络、关联企业、供应链、其他等，如图 3-3 所示。

2. 工作方式

我们在进行威胁建模服务时需要根据企业或组织网络架构及业务系统部署环境来进行分析，针对企业或组织威胁建模需要具备攻防实战经验的高级工程师进行现场威胁分析，企业或组织进行配合。

3. 成果交付

高级工程师在完成威胁建模分析服务后需要整理分析过程，编制《威胁分析报告》。

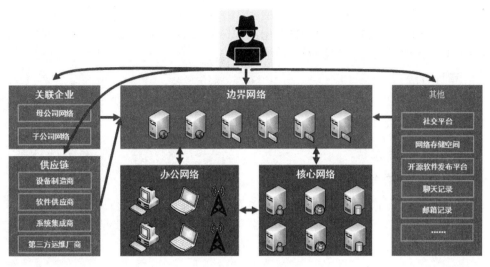

图 3-3　攻击路径

3.2.4　代码审计服务

人工代码审计是 SDL 中的重要任务，通常由应用程序安全团队中具备高技能的人员或安全顾问执行。尽管分析工具可以进行很多查找和标记漏洞的工作，但这些工具并不完美。因此，人工代码审计通常侧重于应用程序的"关键"组件。这种评析最常用在处理或存储敏感信息[如个人身份信息（PII）]的组件中。另外，此活动也用于检查其他关键功能，如加密实现。

在安全开发生命周期的过程中，源代码审计是验证开发人员是否遵从安全编码规范实现的重要步骤。源代码审计工作是针对当前应用系统的源代码，通过了解其业务系统，从应用系统结构方面检查其各模块和功能之间的功能、权限验证等内容；从安全性方面，检查其脆弱性和缺陷的一项工作，在明确当前安全现状和需求的情况下，对更新编码安全规范性和从源头上保障业务系统安全性有重大的意义。

3.2.4.1　服务内容

源代码安全审计可以从以下几个方面入手：

（1）分析源代码是否能追溯到需求。

（2）分析源代码是否符合支持工具和编程语言分析。

（3）分析源代码是否满足模块化、可验证、易安全修改的要求。

（4）分析软件编码中所使用技术的安全性和方法的合理性。

1. 审计目的

源代码安全审计工作是尽可能完整地搜集当前系统的源代码，在了解业务流和各模块功能与结构的情况下，检查系统代码在程序编写上的安全性和脆弱性及结构性安全。

2. 审计依据

源代码安全审计工作主要突出代码编写的缺陷和脆弱性，可以以 OWASP Top 10 为检查依据，针对 OWASP 统计的问题做重点检查。

3. 审计范围

根据源代码对目标系统的脆弱性和缺陷及结构上的检查，通过了解业务系统，确定重点检查模块及重要文件，提供可行性解决方法。

4. 审计方法

审计可采用工具扫描＋人工审计的方式，依照 OWASP Top 10 等所披露的脆弱性，根据业务流信息检查目标系统的脆弱性和缺陷及结构上的问题。

3.2.4.2　服务流程

1. 源代码信息搜集

在此阶段中，源代码安全审计人员需要对指定的目标系统进行必要的信息搜集。例如，源代码、Web 服务器应用系统信息、业务流、开发文档、必要的测试账号等。

2. 源代码

说明文档主要包括以下内容。

（1）完整的 Project 源代码（最佳情况），需要成功编译，确保没有基本的语法语义等错误。

（2）部分代码片段（可选），需要成功编译，确保没有基本的语法等错误。

3. 说明文档

说明文档包括以下方面的内容。

（1）业务需求书（可选）、需求分析书（必需）。

（2）概要设计文档（必需）、详细设计文档（必需）。

（3）单元测试报告（可选）、整合测试报告（可选）、系统测试报告（可选）、用户验收测试报告（可选）。

（4）产品介绍/白皮书（可选）、操作手册（必需）、维护手册（必需）。

通过对以上材料进行综合分析，根据企业或组织的业务情况有针对性地提出审计方案，确定源代码安全审计的目标。

3.2.4.3　编码脆弱性和缺陷分析

在编码脆弱性和缺陷分析阶段，源代码安全审计人员需要检查源代码的缺陷和脆弱性问题及前期威胁漏洞库定义，主要包含以下内容。

（1）API 滥用。例如，调用非本单位直接控制的资源、调用对象过于频繁、直接调用空对象导致系统资源消耗过大或程序执行效率低下等。

（2）代码质量。例如，对象错误或不适合调用导致程序未能按预期的方式执行、功能缺失；类成员与其封装类同名、变量赋值后不使用等。

（3）封装。例如，多余的注释信息、调试信息问题导致应用系统信息暴露，错误的变量声明等。

（4）程序异常处理。例如，忽略处理的异常、异常处理不恰当造成的信息泄露或不便于进行错误定位等。

（5）输入验证。例如，SQL 注入、跨站脚本、拒绝服务攻击、对上传文件的控制等因为未能较好地控制用户提交的内容所造成的问题。

（6）安全功能。例如，请求的参数没有限制范围导致信息泄露、Cookie 超时和域范围等方面的配置等内容。

3.2.4.4　逻辑结构缺陷分析

在进行逻辑结构缺陷分析时，源代码安全审计人员应在第一阶段了解业务系统、得到相关的开发文档后，针对源代码对目标系统进行必要的逻辑结构分析。检查系统在进行业务流处理的时候是否存在权限控制不严格、表单逻辑处理错误、功能缺失等因为结构控制造成的问题。

3.2.4.5　工具自动扫描

在工具自动扫描阶段，可启用超过一种的源代码安全审计工具，对企业或组织提供的业务系统源代码实施漏洞扫描和快速结果输出。

通常，在超过 1 万行以上代码量的情况下，为了快速获得基本结果，一般可先利用源代码安全审计工具执行自动化的漏洞扫描，针对Web应用和数据库结构的B/S架构，主要识别针对Web应用风险的OWASP和WASC等明确的几百种漏洞威胁。

全面的漏洞识别远不止 OWASP Top 10，能影响整个 Web 应用程序安全的漏洞成百上千，不能仅关注 OWASP Top 10 风险所注重的安全漏洞，还应包括 WASC 的威胁分类条目等。在如此多的测试项中，工具的规则自动化机制会比人工的效率更高、更快捷。

3.2.4.6　人工快速验证

在人工快速验证阶段，可以对源代码安全审计工具自动扫描结果中标记为严重漏洞的代码进行快速判断，并输出基本的源代码审计报告。

人工快速验证代码审计工具主要是针对扫描结果中列为严重的漏洞，如 OWASP Top 10 应用风险漏洞中的 SQL 注入或 C/C++语言中的缓冲区溢出等严重的漏洞进行快速判断。而跨站脚本（XSS）和其他非严重性的漏洞不会深入这个阶段验证。

3.2.5　渗透测试服务

渗透测试作为检验目标系统安全性较为有效的服务，需要安全技术人员通过智能工具扫描与人工测试、分析手段，以模拟黑客入侵的方式对服务目标系统进行模拟入侵测试，识别服务目标存在的安全风险。

工具扫描具有很高的效率和速度，但是存在一定的误报率，不能发现高层次、复杂的安全问题；渗透测试需要投入的人力资源较多，对测试者的专业技能要求很高（渗透测试报告的价值直接依赖于测试者的专业技能），但是非常准确，可以发现逻辑性更强、层次更深的弱点。

渗透测试内容至少应该包括信息收集类、配置管理类（HTTP 方法测试、应用中间件测试、信息泄露、异常错误等），认证类（用户枚举、密码猜解、密码重置、密码策略测试等），会话类（Cookie 测试、Session 会话测试等），授权类（越权访问、路径遍历、任意文件下载、逻辑缺陷测试），数据验证类（SQL 注入、跨站脚本、代码注入、URL 跳转、文件上传测试、输入输出校验绕过、数据篡改等），系统应用漏洞（溢出、0day 漏洞等）内容。

3.2.5.1　测试类型

1. 远程渗透测试

测试者完全处于对系统一无所知的状态，即"黑盒"测试，通常这种类型的测试最初的信息获取自 DNS、Web、E-mail 及各种公开对外的服务器。

2. 本地渗透测试

通过正常渠道向企业或组织取得各种资料，包括网络拓扑、员工资料，甚至网站或其他程序的代码片段，也能够与单位的其他员工（销售、程序员、管理者）进行面对面的沟通。这类测试的目的是模拟企业内部雇员的越权操作。

3.2.5.2　测试手段

1. 网络信息搜集

使用 PING Sweep、DNS Sweep、SNMP Sweep、Tracert 等手段对主机存活情况、DNS 名、网络链路等进行信息搜集。可以对目标的网络情况、拓扑情况、应用情况有一个大致的了解，为更深层次的渗透测试提供资料。

2. 端口扫描

通过对目标地址的 TCP/UDP 端口扫描，确定其所开放的服务数量和类型，这是所有渗透测试的基础。通过端口扫描，可以基本确定一个系统的基本信息，结合安全技术人员的经验可以确定其可能存在并被利用的安全弱点，为进行深层次的渗透测试提供依据。

3. 远程溢出

远程溢出是当前出现的频率最高、威胁最严重，同时又是最容易实现的一种渗透方法。一个具有一般网络知识的入侵者就可以在很短的时间内利用现成的工具实现远程溢出攻击。

对于在防火墙内的系统存在同样的风险，只要对跨接防火墙外的一台主机攻击成功，那么通过这台主机对防火墙内的主机进行攻击就易如反掌。

4. 口令猜测

口令猜测也是一种出现概率很高的风险。利用一个简单的攻击程序和一个比较完善的字典就可以猜测口令。

对一个系统账号的猜测通常包括两个方面：一是对用户名的猜测；二是对密码的猜测。

5. 本地溢出

本地溢出是指在拥有一个普通用户的账号之后，通过一段特殊的指令代码获得管理员权限的方法。使用本地溢出的前提是获得一个普通用户的密码。也就是说，导致本地溢出的关键条件之一是设置不当的密码策略。

多年的实践证明，使用在前期的口令猜测阶段获取的普通账号登录系统之后，对系统实施本地溢出攻击，就能获取不进行主动安全防御的系统的控制管理权限。

6. 脚本测试

脚本测试专门针对 Web 服务器进行。根据最新的技术统计，脚本安全弱点为当前Web 系统，尤其是有动态内容的 Web 系统所存在的比较严重的安全弱点之一。利用脚本相关弱点，轻则可以获取系统其他目录的访问权限，重则可能取得系统的控制权限。因此，对于含有动态页面的 Web 系统，脚本测试将是必不可少的环节。

3.2.5.3 测试内容

1. 代码层安全

应用程序及代码在开发的过程中，由于开发者缺乏安全意识，极容易导致应用系统存在可利用的安全漏洞。一般包括 SQL 注入漏洞、跨站脚本漏洞、会话管理漏洞、不安全的对象引用漏洞、跨站请求伪造漏洞等。

1）SQL 注入漏洞

SQL 注入漏洞的产生原因是应用程序在编写时，没有对用户输入数据的合法性进行判断，导致应用程序存在安全隐患。SQL 注入漏洞攻击就是利用现有应用程序没有对用户输入数据的合法性进行判断，将恶意的 SQL 命令注入后台数据库引擎执行的黑客攻击手段。

2）跨站脚本漏洞

跨站脚本攻击，简称 XSS，又叫 CSS（Cross Site Scripting），是指服务器端的 CGI 程序没有对用户提交的变量中的 HTML 代码进行有效的过滤或转换，允许攻击者向 Web 页面里插入对终端用户造成影响或损失的 HTML 代码。

3）会话管理漏洞

会话管理主要是针对需授权的登录过程的一种管理方式，以用户密码验证为常见方式，通过对敏感用户登录区域的验证，可有效校验系统授权的安全性，测试包含以下部分：

① 用户口令易猜解。

通过对表单认证、HTTP 认证等方式的简单口令尝试，以验证存在用户身份校验的登录入口是否存在易猜解的用户名和密码。

② 是否存在验证码防护。

验证码是有效防止暴力破解的一种安全机制，通过对各登录入口的检查确认是否存在该保护机制。

③ 是否存在易暴露的管理登录地址。

某些管理地址虽无外部链接可介入，但由于采用了易被猜解的地址（如 Admin）而导致登录入口暴露，从而给外部恶意用户提供了可乘之机。

④ 是否提供了不恰当的验证错误信息。

某些验证程序返回的错误信息过于友好，如当用户名与密码均错误的时候，验证程序返回"用户名不存在"等类似的信息，通过对这一信息的判断，并结合 HTTP Fuzzing 工具便可轻易枚举系统中存在的用户名，从而为破解提供了便利。

⑤ Session 是否随机。

Session 作为验证用户身份信息的一个重要字符串，其随机性是避免外部恶意用户构造 Session 的一个重要安全保护机制，通过抓包分析 Session 中随机字符串的长度及其形成规律，可对 Session 随机性进行验证，以此来确认其安全性。

⑥ 校验前后 Session 是否变更。

通过身份校验的用户所持有的 Session 应与其在经过身份验证之前所持有的 Session 不同。

⑦ 会话存储是否安全。

会话存储是存储于客户端本地（以 Cookie 的形式存储）还是存储于服务端（以 Session 的形式存储），同时检测其存储内容是否经过必要的加密，以防止敏感信息泄露。

4）不安全的对象引用漏洞

不安全的对象引用是指程序在调用对象的时候未对该对象的有效性、安全性进行必要的校验，如某些下载程序会以文件名作为下载程序的参数传递，而在传递后程序未对该参数的有效性和安全性进行检验，而直接按传递的文件名来下载文件，这就可能造成恶意用户通过构造敏感文件名而达成下载服务端敏感文件的目的。

5）跨站请求伪造漏洞

跨站请求伪造（Cross-Site Request Forgery，CSRF），也被称为"One Click Attack"或 Session Riding，通常缩写为 CSRF 或 XSRF，是一种对网站的恶意利用。尽管听起来像跨站脚本（XSS），但它与 XSS 极为不同，并且攻击方式几乎相左。XSS 利用站点内的信任用户，而 CSRF 则通过伪装受信任用户的请求来利用受信任的网站。与 XSS 攻击相比，CSRF 攻击往往不太流行（因此对其进行防范的资源也相当稀少）且难以防范，所以被认为比 XSS 更具危险性。

2. 应用层安全

在应用系统和数据库系统开发配置的具体过程中，可能由于管理员缺乏安全意识或疏忽大意导致应用层存在安全隐患。

1）安全配置错误

某些 HTTP 应用程序或第三方插件在使用过程中，由于管理人员或开发人员的疏忽，可能未对这些程序或插件进行必要的安全配置和修改，这就很容易导致敏感信息的泄露。而对于某些第三方插件来说，如果存在安全隐患，更有可能对服务器获得部分控制权限。

2）链接地址重定向

重定向就是通过各种方法将各种网络请求重新定个方向转到其他位置（如网页重定向、域名重定向、路由选择的变化都是对数据报文经由路径的一种重定向）。

某些程序在重定向的跳转过程中，对重定向地址的有效性和安全性未进行必要的检查，且该重定向地址又很容易被恶意用户控制和修改，这就可能导致在重定向发生时，用户会被定向至恶意用户事先构造好的页面或其他 URL，而导致用户信息受损。

3. 系统层安全

由于服务器和网络设备的操作系统研发生产过程中所固有的安全隐患及系统管理员或网络管理员的疏忽，一般操作系统的安全漏洞包括弱口令、敏感信息泄露，严重的甚至存在系统远程溢出等安全漏洞。

1）弱口令

弱口令通常有以下几种情况：用户名和密码是系统默认的、口令长度过短、口令选择与本身特征相关等。系统、应用程序、数据库存在弱口令可以导致入侵者直接得到系统权限、修改盗取数据库中的敏感数据、任意篡改页面等。

2）敏感信息泄露

敏感信息泄露指泄露有关 Web 应用系统的信息，如用户名、物理路径、目录列表和软件版本。尽管泄露的这些信息可能不重要，但是当这些信息联系到其他漏洞或错误设置时，可能产生严重的后果。例如，某源代码泄露了 SQL 服务器系统管理员账号和密码，且 SQL 服务器端口能被攻击者访问，则密码可被攻击者用来登录 SQL 服务器，从而访问数据或运行系统命令。

3）远程溢出漏洞

远程溢出漏洞的产生是由于程序中的某个或某些输入函数（使用者输入参数）对所接收数据的边界验证不严密而造成的。根据程序执行中堆栈调用原理，程序对超出边界的部分如果没有经过验证自动去掉，那么超出边界的部分就会覆盖后面存放程序指针的数据，当执行完上面的代码，程序会自动调用指针所指向地址的命令。根据这个原理，恶意使用者就可以构造出溢出程序。

4）恶意代码

恶意代码泛指没有作用却带来危险的代码，其普遍的特征是具有恶意的目的。恶意代码本身是一个独立的程序，通过执行发生作用。由于应用系统存在可被利用的安全漏洞，可能已被恶意人员植入恶意代码以获取相应权限或用于传播病毒。

3.2.5.4 渗透测试服务流程

渗透测试服务是通过远程（外网系统）或本地（内网系统）利用目标应用系统等安全弱点，模拟真正黑客的入侵攻击方法，以人工渗透为主，以扫描工具为辅，在保证整个渗透测试过程都在可以控制和调整的范围之内尽可能地获取目标信息系统的管理权限及敏感信息。

渗透测试服务的基本流程如图 3-4 所示。

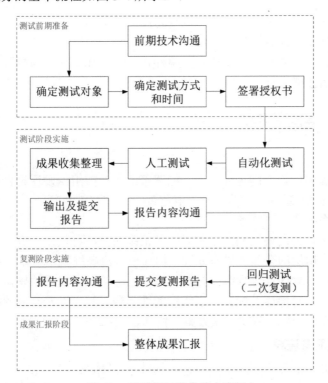

图 3-4　渗透测试服务基本流程

1. 信息搜集

信息搜集是指在渗透实施前尽可能多地获取目标信息系统的相关信息，如网站注册信息、共享资源、系统版本信息、已知漏洞及弱口令等。通过对以上信息的搜集，发现可利用的安全漏洞，为进一步对目标信息系统进行渗透入侵提供基础。

2. 弱点分析

对搜集到的目标信息系统可能存在的可利用安全漏洞或弱点进行分析，并确定渗透方式和步骤，实施渗透测试。

3. 获取权限

对目标信息系统渗透成功后，获取目标信息系统普通管理权限。

4. 提升权限（提权）

当取得目标信息系统普通管理权限后，利用已知提权漏洞或特殊渗透方式进行本地提权，获取目标系统远程控制权限。

为保障信息系统在测试过程中的业务连续性，在渗透测试过程中，可通过以下措施有效地进行信息系统渗透测试服务的风险规避工作：

（1）重要信息备份。对主要信息系统、网络设备等进行数据备份和配置备份。

（2）选择合适的协调人员。选择一个熟悉业务系统的人员作为渗透测试的总接口人员，在实施过程中需要保证业务系统直接维护人员在岗，便于在紧急情况出现时做出判断和协调。

（3）时间选择。执行渗透测试工作需要避开接受评估的业务高峰时段，从而减小评估对业务的影响。

（4）减缓测试速度。通过减少并发线程来降低被测试系统所承受的压力，在几次测试后得出适中的并发线程后进行测试。

（5）危险操作提前知会。凡是执行危险操作，需要在操作前与相关负责人员进行沟通，在得到确认后才能进行。

3.2.6　漏洞扫描服务

1. 服务内容

漏洞扫描是脆弱性识别的重要手段，能够帮助企业或组织发现设备和系统中存在的严重漏洞，帮助企业或组织了解技术措施是否得到了有效执行，并通过及时修补和完善，避免对信息系统造成严重影响。

漏洞扫描时可以采用漏洞扫描工具对服务范围内的各种软硬件设备进行网络层、系统层、数据库、应用层的全面扫描与分析，扫描设备检测规则库和知识库应涵盖 CVE、CNCVE、CNVD、CNNVD 等标准。扫描完成后人工验证所发现的操作系统漏洞、数据库漏洞、弱口令、信息泄露及配置不当等脆弱性问题。提出准确有效的扫描报告，并针对漏洞扫描中出现的问题，提供解决方案，协助企业或组织解决问题。

2. 漏洞扫描服务流程

漏洞扫描前由企业或组织通知安全技术人员扫描目标及范围，由安全技术人员使用专用漏洞扫描设备现场进行漏洞扫描，将重要安全漏洞及时告知企业或组织的安全负责人。

漏洞扫描服务流程如图3-5所示。

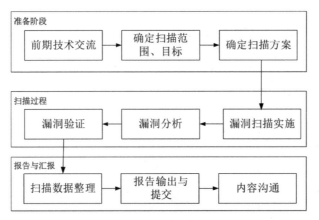

图 3-5   漏洞扫描服务流程

3.3   专用工具

在前期的安全规划设计完成后，部署实施阶段是对规划设计的落地，IT 生命周期安全控制不仅需要人为安全控制，还需要辅助专用的安全工具。在信息安全发展的道路上，安全工具起着重要的作用，安全离不开产品工具的保障。

在安全防护体系中，以下安全产品及工具也是需要我们重点关注的。

3.3.1   大数据智能安全分析系统

3.3.1.1   当前困境

随着网络安全问题的不断变化，网络安全形势也越来越复杂、越来越严峻，在黑色产业链利益的驱使下，黑客的规模越发庞大，各种基于社会工程学、0day 和绕过攻击等方式发起的新型攻击手段不断出现，网络安全问题呈现出多元化的发展趋势，尤其是针对应用业务系统的安全问题日趋复杂化。面对网络安全问题的快速变化，传统安全应对能力的发展却过于缓慢，目前主流的应对方案依然是基于大量安全产品的简单组合，存在较多的不足，主要表现在以下几点：

（1）安全设备孤岛式分布，无法真正进行关联分析。

（2）安全设备告警泛滥，安管人员难以应对、无所适从。

（3）安全分析依赖内置规则，缺乏分析建模扩展能力。

（4）缺少安全分析有效回溯能力，无法对攻击者追踪溯源。

（5）安全运营效率低下，安管人员疲于应付重复、单一的工作。

3.3.1.2   应对措施

基于传统安全分析存在的困境，目前安全分析迫切需要对海量数据进行高速、准确的提取和分析，并能对数据分析结果进行动态计算和分析，再结合强大的威胁情报发现能力支撑，尽可能早地发现安全威胁，真正提升企业或组织的安全运营效率，协助企业或组织解决安全问题，有必要在网络中部署大数据的海量分析和统一化集中管理平台，以解决现有的安全困境。

本节中笔者以安恒大数据安全分析平台为例，介绍大数据安全分析平台应具有的能力，帮助企业或组织提升整体的安全管控和分析能力。

基于当前企业或组织运营的痛点，大数据安全分析平台至少应具备实时流分析能力、大数据存储能力、用户行为分析能力及深度智能安全感知能力。平台主体架构设计如图 3-6 所示。

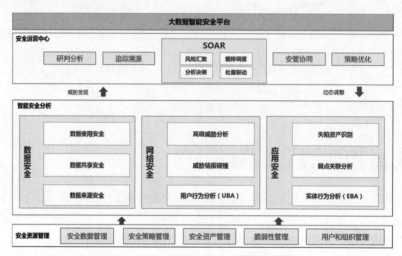

图 3-6 大数据安全分析平台主体架构

通过智能分析，分析出真正有效的攻击和事件，进行全面溯源与取证、自动化响应处置，实现安全运营闭环。

3.3.1.3 智能安全分析

1. 安全实时分析

在很多安全应用场景中，数据的价值会随着时间的流逝而降低。实时数据分析能够及时发现最可疑的安全威胁。平台一定要具备实时流计算引擎，分析人员可以对数据中的任意字段做统计、求和、均值、唯一值等计算，编写 SQL 提交 Flink Job，实现业务指标高实时运算。

安全实时分析需具备高效低延迟数据处理、海量威胁检测模型、灵活自定义的安全分析场景、高持续性等能力。

2. 用户/实体行为分析（UBA/EBA）

UBA 是基于海量的数据，对用户行为进行分析、建模和学习，从而构建用户在不同场景中的正常状态并形成基线。实时监测用户当前的行为，通过已经构建的规则模型、统计模型、机器学习模型和无监督的聚类分析，及时发现用户、系统和设备存在的可疑行为，解决在海量日志里快速定位安全事件的难题。

用户行为分析需具备快速发现异常用户行为、精准的用户异常行为监测、用户画像等能力。

EBA 以主机为视角分析用户对主机的操作及主机间通信行为，基于 up/down 异常、

daily 周期性异常、weekly 周期性异常、新出现实体异常、阈值异常和潜伏型异常、预测算法等算法建立主机风险基线，监测主机及所属部门相关的风险情况，对主机进程和网络进行全方位的审计，发现主机访问偏离历史基线、非工作时间异常连接、高危端口访问、DNS 隧道隐蔽通信、注册表异常修改自启动、远程线程创建异常等异常行为。

3. 深度感知分析引擎

深度感知分析引擎应能够对多维度的信息和多源数据进行整合、关联、智能分析和预测，帮助安全管理人员做出最精准的判断和调查，从而提高企业或组织对威胁攻击的发现、防御和调查能力。

深度感知分析需要使用前沿的机器学习技术，如多维度关联分析、GBM 决策树学习模型、深度学习模型、无监督聚类分析和网络分析等，否则就无法实现深度分析。

3.3.1.4 安全态势研判

1. 多维态势感知

大数据安全分析平台需要从多个维度，使用各种可读性高、美观的可视化系统展现安全态势，为研判、决策及保障网络安全提供有效的支撑。研判角度可从外部对内部攻击、内部跨安全域横向攻击、内部外连攻击 3 种威胁方向，从攻击事件、资产安全、追踪溯源、运行监测等多个维度进行安全态势呈现，为研判、决策及保障网络安全提供有效的基础支撑。

2. 威胁情报中心

平台大数据安全需要依托云端的海量数据、高级的机器学习和大数据分析能力，可及时共享最新的安全威胁情报，提供更为精准的威胁分析能力。

3. 事件追踪溯源

平台能实现基于安全告警和攻击者的追踪溯源功能，结合先进的大数据关联技术，能够实现对安全告警时间和攻击者的追踪与取证，能够实时展现攻击者相关 IP 攻击类型。

3.3.1.5 安全运营响应

1. 自动化响应编排

自动化响应编排通过智能编排，把人、过程和技术整合起来，大幅提升安全运营工作效率，将分析人员从耗时且重复的分析工作中解放出来。自动化响应编排需具备多种策略编排动作，包括但不限于关联验证、告警聚合、联动、阻断。

安全运营的目的是将人工分析经验沉淀为标准流程，不断优化响应流程，减少对人工分析的依赖，流程化地完成事件管理，提高协作沟通效率，将响应时间降至最低，如图 3-7 所示。

2. 重大活动保障

平台的作用是为人服务，大数据安全分析平台不仅要能够发现网络中的攻击行为，还需要为企业或组织服务，发挥其更大的作用和价值。尤其是企业或组织关注的重大活动保障，平台需要利用自身的优势满足对重大活动的保障能力。

在保障期间，平台能够覆盖云、管、端、边界、应用、安全设备等监测维度，保障任务的前期、中期、后期分阶段的任务管理，保障预案管理；可实现情报搜集、重点应用梳理；能够实现风险预测、访问量预测、网络带宽容量预测、安全问题处置；能够为技术人员提供实时通报、处置督办、应急响应的能力。

图 3-7　自动化响应编排

3. 安全管理协同工作

平台不仅可以实现企业或组织中心的防护，还需要进行便捷的扩展，具备多用户、分级部署，为行业客户提供多级纵向安全管理服务，为大型企业提供跨部门安全管理协作支撑，为企业安全运营提供风险处置闭环服务。

3.3.2　高级可持续威胁攻击预警系统

随着互联网的迅猛发展，其规模不断扩大、应用更加广泛，许多部门和企业的关键业务活动越来越多地依赖于网络，各种网络攻击、信息安全事件发生率也一直攀升。随着各行各业信息化的发展，业务系统对信息化安全的依赖程度也越来越高，信息化安全已经成为关系各行各业工作能否顺利开展的重要因素。

随着高级可持续威胁攻击（以下简称 APT 攻击）的危害及隐蔽性越来越高，一些重点企业及部门更是被攻击的重点目标，而现有的主流检测工具如杀毒软件、防病毒网关、入侵防御系统（IPS）、入侵检测系统（IDS）、防火墙等设备都只能检测基于已知安全漏洞及恶意代码特征的部分攻击行为，无法检测利用 0day 或其他高级攻击行为进行渗透的攻击。

基于上述安全形势及安全现状，我们的企业或组织在建设自身的网络安全防护体系时，需要考虑对 APT 攻击的应对措施，部署能够检测发现 APT 攻击的产品或工具。

当前 APT 攻击呈现多样化的方式，通过多年安全实践经验发现，企业和组织日常使用较多的还是 Web 应用、邮件、文件传输等，APT 攻击检测至少应能覆盖这三个层面。Web 层面的 APT 攻击检测需包含各种已知 Web 攻击特征检测、WebShell 检测、Web 行为分析、异常访问、C&C IP/URL 检测等；邮件层面的 APT 攻击检测需包含 WebMail 漏洞利用攻击检测、恶意邮件附件攻击检测、邮件头欺骗、发件人欺骗、邮件钓鱼、恶意链接等邮件社会工程学行为检测等；文件层面的 APT 攻击检测需包含已知特征攻击、静态无签名 ShellCode 检测、动态沙箱行为分析等。

本节中笔者以安恒信息 APT 攻击检测产品为例，介绍 APT 攻击检测产品所具备的基本功能及先进的检测技术，供企业或组织建设者参考。

APT 攻击检测预警平台采用了创新的静态无签名分析技术、动态检测技术、综合关联分析技术、木马回连行为分析技术，相对于传统的安全产品仅依靠特征的检测方式，安恒 APT 攻击检测产品可以提供更深层次的威胁分析能力，为用户带来更大的价值。

安恒 APT 攻击检测产品在满足 Web 应用、邮件、文件传输等检测的基础上，还具备基于 DNS 异常分析、基于行为的动态分析、基于攻击链的关联分析、木马回连行为分析、联动阻断等功能，是我们分析 APT 攻击行为的利器。

1. Web 攻击深度检测能力

对 HTTP 协议完整性进行检测，发现各种异常访问行为；对恶意 URL、恶意 IP 访问行为进行检测；对利用 Web 发起的 WebShell 上传和利用行为进行检测；对 Web 传输恶意文件行为进行检测；对 Web 行为进行动态关联分析，分析一段时间内 Web 服务器的所有请求和返回数据，通过对正常和恶意行为进行模型分析，快速判断各种隐蔽的 Web 攻击行为。

2. 邮件攻击深度检测能力

对 WebMail 攻击行为进行检测，发现各种基于 WebMail 的邮件攻击行为；对基于邮件欺骗的攻击行为进行检测；对邮件附件传输恶意文件行为进行检测。

3. 文件攻击深度检测能力

对木马病毒进行扫描，快速发现各种已知特征的恶意文件攻击行为；全面的病毒检测能力；采用 ShellCode 静态分析检测机制，有效发现各种隐藏威胁；通过沙箱动态行为分析，输出完整的分析报告，全过程解析文件在运行过程中存在的各种隐藏行为。

4. 攻击溯源取证能力

对所有镜像的流量进行实时采集，对数据进行还原，分析原始数据，在数据中找到攻击行为及关联关系，将攻击行为可视化地呈现在管理者面前，如图 3-8 所示。

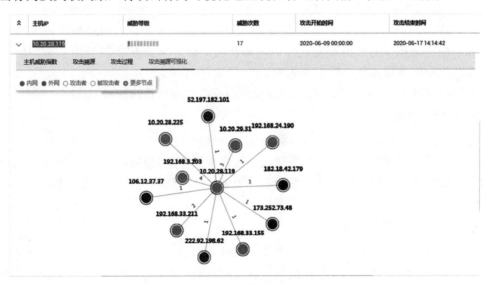

图 3-8　攻击溯源取证可视化

APT 攻击检测预警平台功能模型如图 3-9 所示。

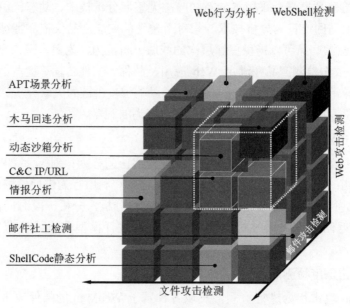

图 3-9　APT 攻击检测预警平台功能模型

3.3.3　Web 应用防火墙

近年来，随着我国互联网业务的快速发展，Web 应用在社会生活中扮演着越来越重要的角色。同时，Web 应用也成为黑客攻击的主要目标，与网站相关的安全事件频发，网站数据和个人信息泄露屡见不鲜，给企业和国家带来了严重的经济损失，给社会造成了恶劣的影响。

对此，国家出台了一系列的政策法规，对企业或组织的应用系统安全防护做出了相关的要求。企业和组织面临的 Web 防护痛点也越来越明确，如网站代码程序设计存在的隐患、0day 漏洞频发、运维和管理人员安全意识淡薄、黑客进入门槛越来越低等，都给企业和组织造成了防护的难度。那么，如何解决针对 Web 应用的安全防护问题，需要企业和组织的管理人员进行深入思考。

下面以 Web 防火墙为例，阐述 Web 应用系统防护需具备的技术。

1. 自学习技术

工具作为我们防护的辅助手段，需要将工具尽可能地智能化、自动化，通过自学习建模技术，针对所防护网站进行流量学习，以概率统计学为基础，不断地进行安全分析与收敛，最终形成一套针对网站特性的安全规则，从而达到自学、自防，无须人工介入规则的效果。

2. 攻击行为跟踪与锁定

通常情况下，Web 应用防火墙基于安全规则的匹配，仅对匹配到的攻击请求进行阻断。这种无状态的特征匹配技术存在穷举攻击的风险，入侵者只要有足够的攻击样本和时间，就有可能突破或绕过 Web 应用防火墙的规则匹配机制。

所以，Web 应用防火墙应采用攻击者状态跟踪机制，智能地识别用户误操作与恶意攻击的区别，实现对攻击者进行跟踪的目的。定位出攻击者行为后，可针对攻击者 IP 地址实现一定时间的封锁，从而降低被穷举攻击的风险。

3. 网页篡改监测

产品在进行边界防护的时候，还需对 Web 服务器进行监测，实现内外网的监测和防护。可以通过 Web 应用防火墙内置的自学习功能获取 Web 站点的页面信息，对整个站点进行爬行，根据设置的文件类型（如 HTML、CSS、XML、JPEG、PNG、GIF、PDF、Word、Flash、Excel、ZIP 等）进行缓存，并生成唯一的数字水印，然后进入保护模式提供防篡改保护，当客户端请求页面与 Web 应用防火墙自学习保护的页面进行比较，如检测到网页被篡改，则第一时间对管理员进行实时告警，对外仍显示篡改前的正常页面，用户可正常访问网站。

4. 对 HTTPS 站点的防护

由于大多数网站采用的是 HTTPS 协议，需要产品能实现对 HTTPS 站点的防护，能对原有的 HTTPS 应用系统进行良好的适应，无须改变原有环境，对 HTTPS 应用系统仍可透明部署和全面防御。

3.3.4 数据库审计系统

数据作为企业和组织的核心资产，一直是我们关注的对象，大数据时代越来越多的数据安全事件影响着机构的内部 IT 运维和风险控制，从互联网发起的数据入侵和内部数据入侵同样面临着重大挑战。外部入侵主要是黑客及不法分子，内部入侵主要是业务人员、运维人员、外包人员等，相比于外部入侵，机构内部访问数据库的途径和入口更多，更加难以定位和确认。

本节主要以内部数据泄露为核心阐述如何进行数据保护。

内部数据泄露主要分为以下几个途径。

1. 安全域划分不合理

相比外网，内网中的数据库访问入口更多，包括业务系统/中间件、运维区域的多个 IP 地址，甚至在部分企业或组织数据库区域内任何一个 IP 地址都可以直接访问数据库。

2. 人员/账号身份众多

在企业或组织内部，系统/数据库管理员、外包/运维人员、业务人员都有访问数据库的需要，数据库中存储了日益增多的各种账号，相应的授权难以管理，容易造成数据泄露且无法追踪的情况。

3. 滥用数据库访问工具

由于企业或组织访问数据库的人员较多，访问地点分散，访问人员身份众多，私用、滥用各种数据库访问工具的现象众多，在访问工具中还有可能隐藏了木马和后门，关键数据容易通过这些工具导致泄露。

4. 缺乏管理规程

同一账号多地登录、同一地点多账号登录、非业务时间访问、各种不规范行为的发生都有可能形成造成数据泄露的安全漏洞。企业或组织没有细化的操作规程或规程制定之后很难执行。

解决数据管理及数据泄露的问题需要产品工具及可靠的人员管理制度流程，本节介绍通过数据库审计系统如何对内部数据进行审计，及时发现可疑行为，避免数据泄露。

数据库审计系统需要做到能够对进出核心数据库的访问流量进行数据报文字段级的解析操作，完全还原出操作的细节，并给出详尽的操作返回结果，以可视化的方式将所有的访问都呈现在管理者的面前，数据库不再处于不可知、不可控的情况，数据威胁将被迅速发现并得到响应。

数据库审计系统需具备以下的基础功能。

1. 事前安全风险评估

系统能够自动完成对不当的数据库配置、潜在弱点、数据库用户弱口令、数据库软件补丁等的漏洞检测，主要包括以下几点：

（1）风险趋势管理。通过基线创建生成数据库结构的指纹文件，通过基线扫描发现数据库结构的变化，从而实现基于基线的风险趋势分析。

（2）弱点检测与弱点分析。根据内置自动更新的弱点规则，完成对数据库配置信息的安全检测及数据库对象的安全检测。

（3）弱口令检测。依据内嵌的弱口令字典，完成对口令强弱的检测。

（4）补丁检测。根据补丁信息库及数据库的当前配置，完成补丁的安装检测。

（5）存储过程检测。根据内嵌的安全规则，对存储过程进行安全检测，如是否存在SQL注入漏洞。

2. 实时行为监控

系统可保护业界主流的数据库系统，防止受到特权滥用、已知漏洞攻击、人为失误等的侵害。

当用户与数据库进行交互时，系统会自动根据预设置的风险控制策略，结合对数据库活动的实时监控信息，进行特征检测及审计规则检测，任何尝试攻击或违反审计规则的操作都会被检测到并被实时阻断或告警，如图3-10所示。

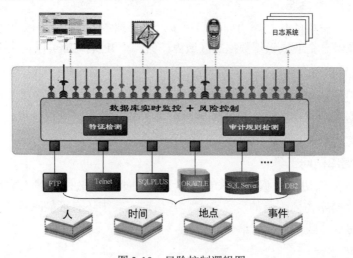

图3-10　风险控制逻辑图

3. 双向审计

系统通过对双向数据包的解析、识别和还原，不仅对数据库操作请求进行实时审计，而且还对数据库系统返回的结果进行完整的还原和审计，包括数据库命令执行时长、执行的结果集等内容，如图 3-11 所示。

ID	客户端IP	服务端IP	账号	报文	执行结果	影响	时间	操作
17080315095700012303	192.168.21.98	192.168.30.205	system	begin sys.dbms_output.get_line(line =...	PL/SQL Procedure complete	0	2017-08-03 15:09:57	
17080315095700010203	192.168.21.98	192.168.30.205	system	select t.*, t.rowid from grade t	some records found	37	2017-08-03 15:09:57	
17080315095700008103	192.168.21.98	192.168.30.205	system	begin if 1 = 0 then sys.dbms_output...	PL/SQL Procedure complete	0	2017-08-03 15:09:57	
17080315095700006003	192.168.21.98	192.168.30.205	system	begin sys.dbms_output.get_line(line =...	PL/SQL Procedure complete	0	2017-08-03 15:09:57	
17080315095700005103	192.168.21.98	192.168.30.205	system	select value from v$sesstat where sid ...	some records found	604	2017-08-03 15:09:57	
17080315095700003903	192.168.21.98	192.168.30.205	system	select t.*, t.rowid from grade t	some records found	37	2017-08-03 15:09:57	
17080315095700003703	192.168.21.98	192.168.30.205	system	select value from v$sesstat where sid ...	some records found	604	2017-08-03 15:09:57	
17080315095700002303	192.168.21.98	192.168.30.205	system	select value from v$sesstat where sid ...	some records found	604	2017-08-03 15:09:57	
17080315095700001803	192.168.21.98	192.168.30.205	system	begin if 1 = 0 then sys.dbms_output...	PL/SQL Procedure complete	0	2017-08-03 15:09:57	
17080315095700000903	192.168.21.98	192.168.30.205	system	select value from v$sesstat where sid ...	some records found	604	2017-08-03 15:09:57	
17080315095600006003	192.168.21.98	192.168.30.205	system	begin sys.dbms_output.get_line(line =...	PL/SQL Procedure complete		2017-08-03 15:09:56	

第 1 页，共11页 ▶ ▶| 显示1 - 20，共 208 条

请求
select t.*, t.rowid from grade t

返回
【执行时长】：0.001秒
【影响行数】：37
【执行结果】：some records found

序号	USERNAME	USER_ID	PASSWORD	ACCOUNT_STATUS	LOCK_DATE	EXPIRY_DATE	DEFAULT_TABLE
1	SYS	0		OPEN		2017-01-15 13:50:49	SYSTEM
2	SYSTEM	5		OPEN		2017-01-15 13:50:49	SYSTEM
3	DBSNMP	30		OPEN		2017-01-15 13:49:43	SYSAUX

客户端信息
【发生时间】：2017-08-03 15:09:57
【客户端IP】：192.168.21.98:2605
【客户端工具名】：plsqldev.exe
【客户端主机名】：ALLWINSERVER098
【客户端操作系统用户】：Administrator

服务端信息
【服务端IP】：192.168.30.205:1521(ORACLE)
【SID】：lora112
【账号】：system
【主机名】：changksql.oracle

其他

图 3-11　双向审计记录

4. Web 业务审计

常规情况下，用户只需要将流量镜像到数据库审计系统，就能够对所有访问数据库的行为进行审计，但我们的访问行为往往是基于业务的访问，故也需要系统可以基于 Web 应用的访问行为进行解析还原，形成数据库审计和 Web 审计的双重审计模式。系统能够提取出 URL、Post/Get 值、Cookie、操作系统类型、浏览器类型、原始客户端 IP、MAC 地址、提交参数、返回码等字段，并形成详尽的 Web 审计记录。

5. 基于会话的真实回放

系统允许安全管理员提取历史数据，对过去某一时段的事件进行回放，真实展现当时的完整操作过程，便于分析和追溯系统的安全问题。

对数据库审计系统的要求主要有以下几点。

1. 丰富的数据库协议支持

由于目前市场上数据库种类繁多，故需要审计系统能够支持目前市场上绝大部分的数据库类型，如 ORACLE、SQL Server、DB2、SYBASE、MySQL、Informix、CACHE、TERADATA 等，如图 3-12 所示。

图 3-12　数据库类型示例

2. 国际领先的处理性能

企业和组织的网络环境是多样化的，数据流量也不同，故需要系统能够具备高性能的处理速度，另外能够提供高准确率（99.7%及以上）。

3. 真正合规的分析报告

根据当前等级保护、网络安全法、个人信息安全规范等要求，需要系统能够出具符合标准规范的报告，无须管理人员再进行合规的报告修订，以减轻使用者的工作量。

4. 零风险的部署模式

对于大型企业及组织，在产品部署的时候一定是零风险的，需要数据库审计系统支持以旁路镜像、分光、分流等方式进行部署，可在不改变现有网络体系结构的情况下快速上线，即使在所有可用性保障均失效的情况下，设备出现宕机也不会影响业务系统和数据库的运行。

3.3.5 综合日志审计系统

随着互联网规模的不断扩大，应用更加广泛，各种网络攻击、信息安全事故的发生率也在不断攀升，企业和组织为了抵御安全攻击，安全防护建设也在逐年增加。大多数企业和组织先后部署了防火墙、IDS、IPS、漏洞扫描系统、防病毒系统、终端管理系统、WAF、安全审计系统等，构建了一道道安全防线。然而，这些安全防线都仅仅抵御来自某一个方面的安全威胁，形成了一个个"安全防御孤岛"，无法产生协同效应。更为严重的是，这些复杂的 IT 资源及安全防御设施在运行过程中不断产生大量的安全日志和事件，形成了大量的"信息孤岛"。

有限的安全管理人员面对这些数量巨大、彼此割裂的安全信息，操作着各种产品的控制台界面和告警窗口，显得束手无策，工作效率极低，难以发现真正的安全隐患。另外，企业和组织日益迫切的信息系统审计和内控要求、等级保护要求，以及不断增强的业务持续性需求，也对客户提出了严峻的挑战。

安全需求痛点分析如下：

（1）海量日志——无法有效管理。

（2）信息孤岛——日志无法关联。

（3）大量误报——关键告警淹没。

（4）多种界面——高成本低效率。

（5）法律法规——网络安全法规定日志留存不少于 6 个月。

（6）安全分析——日志单独查看无法发现问题，需结合其他相关的日志分析，才可能发现潜在的攻击威胁。

为了帮助企业和组织利用所有的安全设施去保障信息资产和业务服务的安全，将以上痛点进行一一解决，我们引入了综合日志审计系统，形成一个整体化的安全信息总控中心，达到以下几个方面的要求，如图 3-13 所示。

1. 集中化

信息资产的拥有者希望提供一个信息资产的集中性视图，使他们可以全面了解信息系统的安全状态，预测（事前）、应对（事中）和追踪（事后）系统安全问题。

图 3-13　审计六化模型

2. 实时化

综合日志审计系统对于安全事件的分析处理速度，对安全威胁的检测、防护、阻断、恢复和追踪都有重大的影响。所以，完善的系统首先应具备信息接收、分析、报告、响应循环的实时化；其次为管理人员提供相应的工具和途径，帮助他们在最短的时间内了解最新的安全状况并做出应对，这也是实时化的一部分。

3. 智能化

综合日志审计系统仅仅将安全数据搜集存储起来供用户查询是不够的。其本质上是商业智能系统（Business Intelligence），需具备一定人工智能的专家系统，通过对信息系统各种数据的自动分析，为信息资产拥有者提供保护信息安全的工具和途径。这种自动化的范围越大、准确性越高，智能性就越强，系统的价值也越大。尤其是中小企业一般无法配备专业的安全管理人员，面对专业性极强的海量安全数据及警报，普通管理人员根本无从下手，系统能否智能地、自动地、准确地发现问题、报告问题、解决问题往往成为企业和组织的首选因素。

4. 可视化

综合日志审计系统需要以友好直观的方式将复杂的系统内部数据展现出来，并提供方便的操作方式给管理人员使用。

5. 流程化

企业和组织对安全投资的最核心要求是保障业务的安全持续，所以需要综合日志审计系统与业务活动有融合能力，最主要的方式就是与企业业务流程相结合，也就是安全管理流程化过程。

6. 规范化

规范化指综合日志审计产品的部署、建设、管理、维护等活动对各种行业标准、行业指导的遵守性和符合性。

根据对以上需求痛点及对资产和业务审计的要求，我们在选择审计产品的时候需要注意以下几点。

1. 日志信息接收

日志搜集要支持格式转换，由于不同厂家设备日志格式不一，需要将采集的日志转换为相应的格式标准（Syslog 报文转换为字符串格式，Snmp Trap 报文转换为 Snmp Pdu 数据格式），并且附加来源地址信息。

2. 日志信息解析

审计系统接收到的原始日志信息，经过解析规则的模式匹配，提取出直接信息和非直接信息，最终得到解析后的通用事件。

3. 日志信息标准化

完成解析后的通用事件，可以根据规则库进行标准化处理。标准化主要是对解析后的日志，根据标准化的通用事件格式，对各个标准化字段进行信息的直接映射、非直接映射处理。经过映射处理后，就得到了最终的通用事件。

4. 去重处理

为了消除不必要的日志事件，或去掉重复且不重要的日志事件，可以设定过滤规则。任何标准化完成后的通用事件都会经过过滤规则匹配。当满足匹配后，此事件就会被直接过滤掉，不会进入后续模块进行处理。

5. 关联分析

审计系统从接收到的通用事件，基于关联的规则中，发现关联事件，关联事件需包含各个原始事件列表。关联分析需具备自定义的关联规则，支持规则的启用、禁用，便于企业和组织根据自身的实际情况进行规则的设置。

同时，我们需要关注审计是否具备以下特性。

1. 是否具备创新的日志解析能力

具备解析规则激活，当接收到对应的日志后，规则才会被激活，同时支持未识别日志水印处理，采用多级解析功能和动态规划算法，实现灵活的未解析日志事件处理，同时支持多种解析方法（如正则表达式、分隔符、MIB 信息映射配置等）；日志解析性能与接入的日志设备数量无关。

2. 是否具备先进的关联算法

作为审计系统，关联分析算法的好坏决定了审计的效果，其需要保证事件分析的效率和实时性，需要在分析速度、分析维度、灵活性、IO 抗压能力方面都有强大的能力。

3. 可维护性及可扩展性

系统具有对自身的维护配置功能，如系统参数设置、系统日志管理等。 硬件系统采用模块结构，保证系统内存、CPU 及储存容量的扩展；硬件配置的升级不会引起软件的修改和开发；每个组件都可以横向扩展，通过增加设备满足业务需求。

4. 是否具备分布式设计

无论是从产品本身还是部署方式，分布式设计都最大限度地兼顾了系统的可扩展性和灵活性；另外，基于 HTTPS 的通信模式，使跨互联网部署成为可能，异地监控不再需要昂贵的专线模式。

3.3.6　下一代防火墙

近年来，随着"互联网＋"、业务数字化转型的深入推进，各行各业都在加速进行互联网化、数字化转型。在数字化业务带给我们高效和便捷的同时，信息暴露面的增加、网络边界的模糊化，以及黑客攻击的产业化使得网络安全事件相较以往呈指数级的增加，面对层出不穷的新型安全事件，如网站被篡改、被挂黑链、0day漏洞利用、数据窃取、僵尸网络、勒索病毒等，传统安全建设模式已经捉襟见肘，面临着巨大的挑战。例如，缺乏事前的风险预知、事后的持续检测及响应能力，缺乏有效的联动分析和防御机制。

本节以下一代防火墙为例，介绍下一代防火墙在企业和组织安全防护中的重要作用及产品需具备的功能和技术，供企业和组织的建设者参考。

作为边界的网络层核心防护产品，下一代防火墙必须具备风险预知、深度安全防护、检测响应的能力，最终形成全程保护、全程可视、联动作用的安全体系。

我们在选择和考察下一代防火墙时，首先需要考察产品设计是否遵循了信息安全技术、第二代防火墙安全技术要求，以及下一代防火墙在市场上的使用度；其次考察产品的功能是否能解决企业和组织当前的问题。现提供以下产品功能以供参考。

1．一体化安全策略

防火墙是否采用一体化安全策略，管理员只需要通过一条策略便可完成对源接口、源地址、用户、目的接口、目的地址、应用、服务、时间等维度的匹配，并针对应用、URL、入侵防御、病毒查杀等内容进行统一管控，使用方便，维护简单。

2．策略分析

防火墙规则及策略的复杂度是企业安全人员面临的最大的防火墙难题，由于当前网络环境的复杂性越来越高，以及网络服务与网络终端的多样性，相应的防火墙设备就需要更多、更复杂的控制策略。这些控制策略经过一段时间的积累，往往会造成旧策略不敢删，新策略不断增加的问题，单台防火墙积累了成千上万条安全策略，极大地降低了设备性能和用户体验。

防火墙需具备一键分析当前的冲突、冗余、隐藏、合并、过期和空策略等，并给出调整建议的能力，使每一条策略都直观可视。在一定程度上帮助安全管理人员优化访问控制列表，满足访问控制规则数量最小化的要求，让下一代防火墙更易于使用、便于维护管理。

3．入侵防御

提供应用层的类 IPS 功能的安全防护；提供 Web 应用防火墙（WAF）级别的安全防护，有效地防御和预警 Web 服务器的攻击；提供应用层的病毒过滤功能，IPS、WAF、病毒过滤等功能不要求每个功能模块都有足够的防护能力，能够满足基础级的安全防护即可，所有的防护功能特征库需要能够自动升级，无须人为介入。

4．威胁情报

防火墙厂家具备搜集并存储威胁情报的能力，产品自身需具备威胁情报库，依托厂家的情报，通过大数据、机器学习与文件自动化分析等技术，提炼形成涵盖应用层攻击的情报数据，并能够与其他安全设备形成联动，及时进行安全攻击防护。

5. 安全分析

帮助安全管理员掌握网络的资产情况，识别潜在的风险。防火墙能够识别网络中的资产信息，能够获取设备的操作系统、使用的浏览器、杀毒软件、开启的应用服务等。对各种安全事件进行关联分析统计，为安全管理人员提供以资产的视角来感知的网络中的威胁情况，如资产是否受到攻击、是否下载了病毒文件、是否存在弱密码、是否向外传输文件等。以此标识出资产的风险级别，便于管理员定位风险主机，并根据关联的威胁事件进行有针对性的防护。

通过部署下一代防火墙我们需要实现以下目标。

1. 资产风险识别，安全防护无死角

通过部署防火墙能够识别网络中的资产信息，以资产为视角对各种安全事件进行关联分析统计，便于管理员定位风险主机，并根据关联的威胁事件进行有针对性的防护。

2. 策略精确分析，策略管理更简单

通过策略分析功能梳理问题策略，计算策略精确度，给出策略调整建议。让每一条策略直观可视，更易于使用和维护管理。

3. 全网威胁情报，未知风险可防护

基于大数据关联分析得到的威胁情报，可以推动企业和组织快速发现网络中的未知威胁、0day攻击等，准确发现内部失陷主机，结合威胁情报提供的丰富上下文信息，帮助组织提前做好安全防范、快速进行攻击检测与响应。

4. 攻击链分析，事后回溯更清晰

通过对检测出的威胁时间日志进行汇总分析整理，以攻击链的形式可视化展示攻击者的入侵路径、入侵程度等。精确、简单、统一、有效，便于管理员对内部网络进行分析，对攻击者进行取证溯源。

5. 全流程防御，闭环体系更安全

事前感知预警→事中防护响应→事后分析取证溯源，并持续检测分析，帮助企业大幅降低因安全事件产生的不良影响。

3.3.7 应急处置工具箱

在信息化安全规划和建设的过程中，我们往往考虑网络边界如何建设、网络内部数据如何防泄露、安全管理制度和流程如何落地，却容易忽略在安全防护过程中发生安全事件后应如何进行应急处置，本节将引入应急处置工具箱来帮助企业和组织应对网络安全事件的处置。

过去出现网络安全应急事件主要是通过人工的方式，没有专业的取证工具和漏洞扫描验证工具，处置起来费时费力，也不能对受到侵害的系统进行快速恢复，无法自动生成处置报告，不易对网络安全事件进行统计分析、对比总结，不能对处置结果进行管理。具体表现在以下几点：

（1）应急处置通过工程师手动处理，费时费力。

（2）不易对攻击事件进行取证和溯源。

（3）应急事件时间紧迫，不能及时快速恢复系统。

（4）没有有效且全面的漏洞检查和漏洞验证工具。

（5）没有全面详细的安全漏洞加固机制。

（6）缺乏一套全面、专业、准确、便携的工具。

为解决当前应急处置的痛点，需要将工具和人有机结合，快速完成网络安全事件的应急处置。我们在选择应急处置工具时，需要从以下层面关注工具所具备的能力。

1. 任务管理

任务管理作为基础信息采集模块，是事件处置的关键组成部分，处置任务的内容至少包括事件描述、事件类型、事件级别、发现时间、涉及单位、单位联系人、单位联系人电话、系统描述、保护等级、备案系统编号、处置人、处置时间、处置地等。

2. 应急处置

应急处置模块包括访谈记录、攻击发现、证据固定、关联分析、事件处置。

访谈记录是针对应急事件关于网站的情况、事件发生情况的描述。

攻击发现是运用应急处置工具对目标设备进行漏洞、病毒、木马方面的检测，查找其存在的安全漏洞。

证据固定是指使用专用取证工具以只读方式提取取证对象、计算机状态数据，并进行专门存储，从而达到现场主机证据不会被破坏的目的。

关联分析是将取证固定的状态数据交由工具的智能分析引擎进行分析，实现全维度、跨设备、细粒度的关联分析。

事件处置是对整个取证过程进行归纳汇总，并进行人工补充。用户可以将额外发现的情况在此进行录入。最后与整个处置过程的内容一起组成应急处置报告内容。

3. 专家知识库

专家知识库为应急处置提供相关资料信息，包含常用命令、小技巧、各漏洞分析等内容，以满足不同场景下对应急处置工具及相关知识的需求，辅助网络安全事件的取证溯源、快速恢复。

4. 辅助验证工具

辅助验证工具为应急处置过程中对资产漏洞存在情况进行检测的工具。实现确定漏洞位置、结合知识库给出针对漏洞的整改建议的功能。

通过应急处置工具对网络安全事件的处置，具有实现快、准、狠等特点。

1）快

（1）操作界面简易。

（2）快速建立应急处置任务。

（3）与应急处置通报平台无缝衔接，快速响应。

（4）应急处置全程软件操作，过程全记录，处置报告立等可取。

2）准

（1）专业取证工具、全栖取证方式准确定格对象，免除取证不准确的顾虑。

（2）多维度结果展示，入侵过程一目了然。

3）狠

多款辅助工具，木马、后门、隐藏威胁全锁定。

3.4 工作重点

部署实施阶段主要是工具和人的配合,部署实施内容需要根据规划设计阶段的设计方案进行相应的服务、产品、人员的实施,部署实施需要协调好以下内容。

1. 专用工具的确认

专用工具主要是指用于网络安全防护的安全产品,如防火墙、IPS、APT、Web 应用防火墙等,对于第三方提供的安全产品重点需要确认产品的实施方案、实施工期、实施人员投入、产品测试等环节,保障产品部署实施能够按照预先制定的方案执行。

2. 服务内容的确认

部署实施阶段服务内容指的是在网络安全建设过程中需要开展的常规服务,如资产梳理、网络架构分析、代码审计、渗透测试、漏洞扫描等,根据规划设计方案确定服务对象、服务方式、人员投入、验收标准、交付物等,保障服务的质量能够达到预期的目标。

第4章 服务运营

4.1 概述

服务运营是对 IT 进行日常管理的过程。服务运营的主要目的是通过一系列日常活动和流程的协调执行，为客户和用户提供可管理的、达到既定服务级别协议的服务。同时，服务运营也需要对服务提供支持，对服务过程中所必需的技术进行管理。

服务运营包含所有提供支持和服务的日常活动，主要由服务、服务管理流程、技术和人员 4 个部分组成。

那么，服务运营要实现的目标或要达到的目的就是按照与客户约定的 SLA（服务级别协议）的标准，来完成服务的交付和服务的管理。

怎样的服务算是好服务？服务的本质是什么呢？

服务本质上是对用户负责，是对事情的结果负责，就像五星级酒店提供不同服务的同时，提供的服务质量也是有保障的，这样客户就觉得很贴心。服务运营的服务质量就是 SLA，而这在 IT 业务部门之间就是一种承诺，正是靠这一承诺来体现 IT 的价值，从而证明提供的是一种好的服务。

4.2 服务运营平衡

服务运营需要实现业务运营与 IT 服务运营的融合，那么服务运营如何在服务过程中进行平衡呢？

虽然我们提供的是一种服务，但是我们要对所有服务都有求必应，满足所有的服务请求吗？结合我们的工作实际，如果真的这样做了，这样的服务肯定不会是一种好的服务。

那应该怎么办呢？一方面要我们提供一种好的服务；另一方面又要有所保留。这就要求我们要学会一种平衡之道，具体来说就是要学会在做加法与减法的过程中保持一种平衡，最好是一种动态平衡。

而这种平衡在服务运营阶段，要学会以下几点：

（1）IT 业务的平衡（在尽量满足用户需求的前提下，也要学会拒绝一些 IT 不能实现的需求，这就是一种灰度思维）。

（2）稳定和响应的平衡（不要过分追求稳定，也不要过于积极地响应）。

（3）质量和成本的平衡（既要提供质量好的产品，也要进行综合成本的考量）。

（4）主动和被动的平衡（提供服务要主动，但不能过于主动）。

4.3 服务运营原则

服务运营原则的核心是"提供好的服务",那么怎样才算好的服务呢?对于一线的工作者来说,主要就是以下几点:

(1)应答及时(回复)。

(2)回答专业(专业精神)。

(3)不断学习(谦虚精神、敬畏、空杯心态、接纳、学习、兼容并包)。

而这些全部概括起来就是两点:一是沟通能力,二是技术能力。

另外两个支撑核心原则的就是"沟通原则"和"文档积累"(技术沉淀)。

类似地,我们个人的成长就是要具备这两个核心能力,一是沟通能力;二是个人的核心竞争力。这就是我们常说的"两条腿",只有有了这"两条腿",我们才能跑得更快、更远。

4.4 服务运营职能

上面讲了服务运营是提供服务的一个过程及服务运营的一些原则,那么,具体在提供服务的过程中,由哪些人来提供服务,以及怎样在服务提供的过程中完成人员的变换呢?

具体的人员主要分为以下四大类:

(1)服务中台(IT 部门和用户之间的一个接口)。

(2)一线(IT 运营管理):主要负责一些技术要求相对不高的问题。

(3)二线(技术管理):要求技术实力比较深入。

(4)三线(应用管理):厂商变更了,要做应用的支持。

具体这四大类人员对应的职能是什么呢?分别负责怎样的事务管理?

(1)服务中台(前端业务的一个接口):用户与企业的一个接口。

(2)一线(IT 运营管理):日常的巡检、更新、文档、预定义事故的处理,核心是要给用户一种体验,即用户享受到了企业的服务,用户是被服务的。

(3)二线(技术管理):这类人一般都是 T 字型人才,可以处理复杂的事故,提供相应的技术方案。

(4)三线(应用管理):有些涉及原厂的、二线也解决不了的问题,就需要由三线来解决。

4.5 服务运营流程

上面讲了提供服务过程中涉及的人员,这些人员之间协同工作就涉及流程管理,而服务运营管理主要包括五大流程:事件管理流程、事故管理流程、问题管理流程、请求实现流程和访问管理流程。

4.5.1 事件管理流程

事件（Event）可以被定义为任何可察觉和可识别的、对 IT 基础设施管理或 IT 服务造成影响和背离的重要现象。事件通常由 IT 服务、配置项或监控工具产生。

事件管理流程的主要活动如图 4-1 所示。

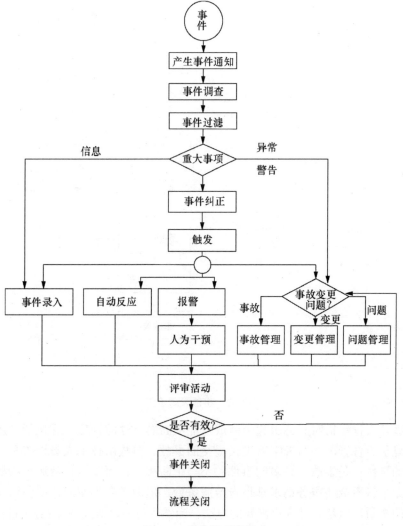

图 4-1 事件管理流程

4.5.2 事故管理流程

事故（Incident）是指对一项 IT 服务或一项 IT 服务质量减少的非计划中断。事故管理流程的主要目标是根据服务级别协议的要求，在尽可能小地影响客户和用户业务的情况下，尽可能快地将服务恢复到"正常状态"。

事故管理流程的主要活动如图 4-2 所示。

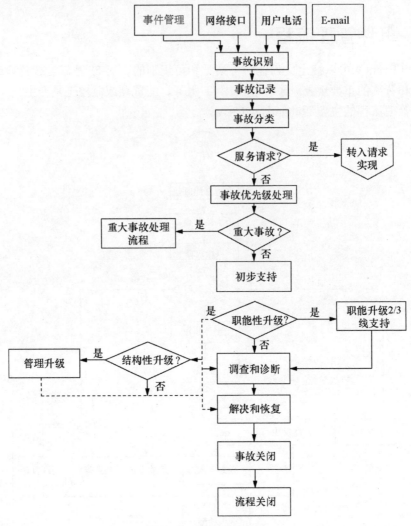

图 4-2　事故管理流程

事故管理流程包括对服务引起中断或可能中断的事件的管理。这包括了用户通过服务台或通过从事件管理的监控工具直接提交的事故。事故由技术人员报告和记录，但并不是所有的事件都是事故，许多的事件并不与中断相关，而仅是正常运营指标或一些简单的信息。尽管事故和服务请求都报告给服务台，但两者并不相同，服务请求并不代表协议服务的中断，而是满足客户需要的方法，当然也可能是 SLA 中的协议目标。

4.5.3　问题管理流程

问题是一个或多个不知原因的事件。问题管理流程的主要目标是预防问题和事故的再次发生，并将未能解决的事故的影响降到最低。与事故管理强调事故恢复的速度不同，问题管理强调的是找出事故产生的根源，从而制定恰当的解决方案或防止其再次发生的预防措施。

问题管理流程有两个主要类型：被动流程和主动流程。其中，被动问题管理是服务运营通常执行的部分，其主要活动如图 4-3 所示。主动问题管理是由服务运营发起的，但通常是由服务改进驱动的。

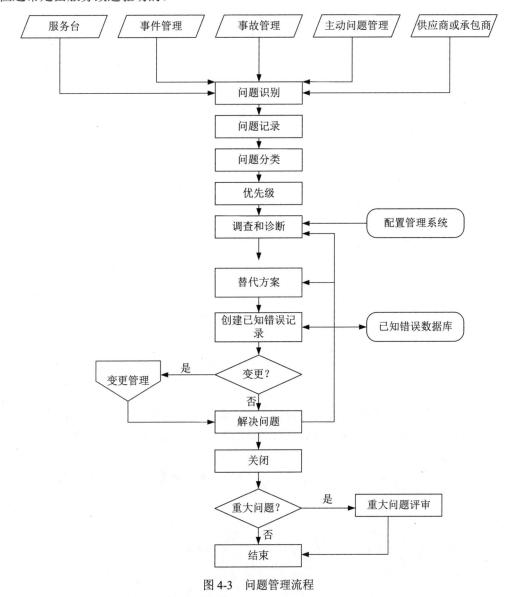

图 4-3　问题管理流程

4.5.4　请求实现流程

请求实现流程主要针对"服务请求"类事件，指的是 IT 部门向用户提供的一系列不同种类的普通需求。

请求实现流程的主要目标如下：

（1）对于某些预定义的申请和需求，为用户提供一个渠道来获得这些标准服务。

（2）为客户和用户提供服务请求管理流程服务和程序信息。

（3）获得和交付请求的标准服务组件。

（4）协助处理一般信息、抱怨或投诉。

一个典型的服务请求实现流程的主要活动如图 4-4 所示。

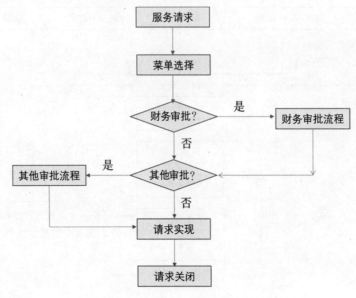

图 4-4　典型的请求实现流程

访问管理流程（略）。

4.5.5　总结

服务运营主要关注的是人、流程、技术、资源（基础设施），通过把人、流程、技术和资源进行有机的结合，实现业务运营与 IT 服务运营的融合，进而实现业务的连续性。

服务运营平衡、原则、职能引用来自 51CTO；服务运营流程引用来自 ITIL 服务运营内容。

第5章 持续改进

5.1 持续改进应是永恒的追求

质量改进是质量管理的一部分，它致力于增强满足质量要求的能力。

持续改进是每一个组织永恒的追求。管理者应不断地主动寻求对组织过程的有效改进，而不是等出现了问题才去寻找改进的机会。改进的范围可以从渐进的、日常的持续改进到战略突破性改进，组织应建立一个过程来识别和管理改进活动。改进的结果可能导致组织对产品或过程的更改，直至对质量管理体系进行修正或对组织进行调整。

5.2 持续改进的组织

标准要求组织应利用质量方针、质量目标、审核结果、数据分析、纠正和预防措施及管理评审，持续改进质量管理体系的有效性。

5.2.1 对持续改进要求的理解

（1）利用质量方针中持续改进的承诺和质量目标可追求的目的，或者随市场竞争的变化和质量管理体系运行的进展，通过评审更新、实施新的质量方针和质量目标，为过程的评价确定准则，为改进活动确定应该达到的要求。

（2）通过内部审核和外部审核，发现体系存在的不合格和薄弱环节，采取措施并予以改进。

（3）通过数据分析寻求改进的机会。在数据分析中，应特别注意用户要求变化的趋势、市场走向及同行业竞争对手的发展水平，以便适时改进产品特性和质量管理体系，增强用户满意度。

（4）利用体系、产品和过程的有关信息，从提高产品质量水平、过程控制能力和质量管理体系的有效性出发，识别质量管理体系的不完善、不全面、不尽科学之处，实施纠正措施和预防措施，防止不合格事件再次发生。

（5）开展管理评审，对体系适宜性、充分性和有效性进行改进。

5.2.2 持续改进的两条基本途径

持续改进是"增强满足要求的能力的循环活动"，所谓循环活动就是反复进行的经常性的活动。对过程进行持续改进有两条基本途径：

（1）突破性项目，即对现有过程进行修改和改进，或者实施新的过程。它们通常由日常职能之外的小组来实施。

（2）由组织内部人员对现有的过程进行渐进的持续改进活动。

5.2.3　持续改进的管理

为了有助于确保组织的未来并使顾客满意，管理者应当创造一种文化，以使组织内的员工都能积极参与寻求过程、活动和产品性能的改进。

为了使组织内员工积极参与，最高管理者应当营造一种环境来分配权限，从而使员工都得到授权并接受各自的职责，以识别组织业绩的改进机会。在咨询师的辅导下，通过下述活动可以做到这一点：

（1）确定人员、项目和组织的目标。

（2）与竞争对手的业绩和最佳做法进行水平对比。

（3）确立建议制度，包括管理者对改进及时做出反应。

（4）对改进的成就给予承认和奖励。

5.3　持续改进的方法

5.3.1　突破性项目

突破性项目通常包括对现有过程的再设计，包括以下内容：

（1）确定改进项目的目标和框架。

（2）对现有过程的分析并认清变更的机会。

（3）确定并策划过程改进。

（4）对过程的改进进行验证和确认。

（5）对已完成的改进做出评价，包括吸取教训。

5.3.2　渐进的持续改进

渐进的持续改进，即日常的改进工作，通常由在岗的员工完成，不需要成立跨职能的临时工作组。这些员工是提供渐进的持续改进信息的最佳来源，并常常参加 QC 小组这样的工作组。组织对于渐进的、持续的过程改进活动也要进行控制，以便了解改进的效果。参与改进的员工应被授予相应的权限，并应该得到与改进有关的技术支持和必需的资源。

为使员工参与改进活动并提高他们的参与意识，管理者应考虑以下活动：

（1）成立改进小组，并由组员选出组长。

（2）允许员工对他们的工作场所进行控制和改进。

（3）将培养员工的知识、经验和技能作为整个质量管理活动的组成部分。

5.4 戴明环

PDCA 循环是美国质量管理专家休哈特博士首先提出的，由戴明采纳、宣传并获得普及，所以又称戴明环。全面质量管理的思想基础和方法依据就是 PDCA 循环。PDCA 循环的含义是将质量管理分为 4 个阶段，即计划（Plan）、执行（Do）、检查（Check）、处理（Act）。在质量管理活动中，要求把各项工作按照做出计划、计划实施、检查实施效果的流程执行，将成功的纳入标准，不成功的留待下一循环去解决。这一工作方法是质量管理的基本方法，也是企业管理各项工作的一般规律。

依据 PDCA 模型，结合服务运营内容，定期评审 IT 服务满足业务运营的情况，以及 IT 服务本身存在的缺陷，提出改进策略和方案，并对 IT 服务进行重新规划设计和部署实施，以提高 IT 服务质量，如图 5-1 所示。

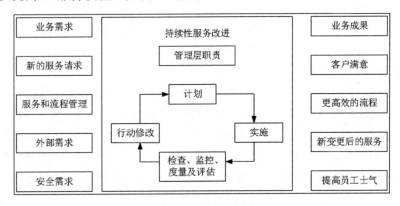

图 5-1　PDCA 模型

第6章 监督管理

监督管理主要是对IT服务的服务质量进行评价，并列出服务供方的服务过程、交付结果、实施监督和绩效评估等。

IT服务质量的评价来自IT服务供方、IT服务需方和第三方的需要。对于IT服务的供方，需要通过对服务过程能力和服务质量的量化，检查自身存在的问题并改善机制，帮助服务组织以最符合成本的方式提供满足客户需求的IT服务产品。对于IT服务的需方，需要通过对供方IT服务能力的量化评价来选择符合需要的供应商；同时，需要通过对服务质量的量化来检验供方提供的实际服务是否满足了双方确定的服务等级，也是确定IT服务费用结算的依据之一。

由于IT服务的无形性、不可分离性、差异性等特点，给服务量化带来了很大的不确定性和难点。国家标准《信息技术服务 质量评价指标体系》给出了用于评价信息技术服务质量的信息技术服务质量模型，该模型定义了服务质量的6类特性，即功能性、安全性、可靠性、响应性、有形性、友好性。每大类服务质量特性进一步细分为若干个子特性。这些特性和子特性适用于定义各类信息技术服务质量评价模型，如图6-1所示。

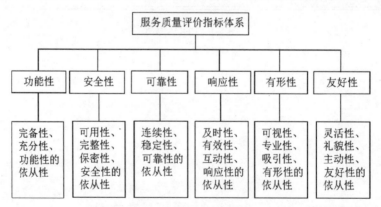

图6-1 服务质量评价模型

《信息技术服务 质量评价指标体系》标准同时给出了服务评价指标及测量方法，对质量模型中的每个子特性都给出了对应的运维服务评价指标和测量方法，具体包括指标名称、测量目的、应用方法、公式及数据元计算、测量值解释、数据类型和测量输入。一个子特性对应一个到多个评价指标，标准中共提出了32个运维服务质量评价指标。

信息技术服务质量评价分为确定评价需求、规定评价、实施评价及评价结果分级4个步骤，如图6-2所示。

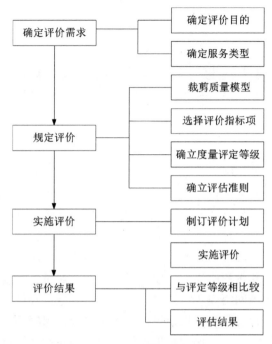

图 6-2　服务质量评价过程

　　综上所述，在监督管理阶段，我们可以参照《信息技术服务　质量评价指标体系》（GB/T 33850 —2017）中对服务质量的评价，对整体 IT 服务生命周期中各阶段的服务质量进行评价，通过服务质量的监督，定期形成改进措施和流程，对整个 IT 服务生命周期的管理进行提升。

第7章 安全合规

网络安全等级保护是我国信息安全保障的一项基本制度和方法，开展网络安全等级保护工作是促进信息化发展、保障国家信息安全的重要举措，也是我国多年来信息安全工作的经验总结。它将信息系统按其重要程度，以及受到破坏后对相应客体（公民、法人和其他组织）合法权益、社会秩序、公共利益和国家安全造成侵害的严重程度，将信息系统由低到高分为 5 级。每一个保护级别的信息系统都要满足本级的基本安全要求、落实相关安全措施，以获得相应级别的安全保护能力，对抗各类安全威胁。在信息系统的安全保障建设中，实施网络安全等级保护，能够有效地提高信息系统安全建设的整体水平，有利于信息化建设过程中同步建设信息安全设施，保障信息安全与信息化建设相协调；有利于为信息系统安全建设和管理提供系统性的指导和服务，有效控制信息安全建设成本；有利于优化信息安全资源配置。

《中华人民共和国网络安全法》正式实施后，等级保护进入 2.0 时代，配套的政策、标准陆续修订完毕，等级保护 2.0 标准从安全合规角度提出了新的难度和挑战，需要网络安全构建者遵从。

7.1 等级保护 2.0 标准与等级保护 1.0 标准的区别

7.1.1 等级保护 2.0 标准的"不变"

等级保护的概念自 1994 年提出以来，经过 20 多年的发展和演进，在等级保护 2.0 时代已经有了不小的变化。但万变不离其宗，等级保护的"五个等级"不变、"五个规定动作"不变、"主体职责"不变。

1. 等级保护的"五个等级"不变

第一级，用户自主保护级不变。

第二级，系统保护审计级不变。

第三级，安全标记保护级不变。

第四级，结构化保护级不变。

第五级，访问验证保护级不变。

2. 等级保护"五个规定动作"不变

等级保护"五个规定动作"是指定级、备案、建设整改、等级测评、监督检查。等级保护 2.0 标准仍然将围绕这五个规定动作开展工作。

3. 等级保护"主体职责"不变

第一，运营使用单位对定级对象的等级保护职责不变。

第二，上级主管单位对所属单位的安全管理职责不变。

第三，第三方测评机构对定级对象的安全评估职责不变。

第四，网安对定级对象的备案受理及监督检查职责不变。

7.1.2 等级保护 2.0 标准的"变化"

等级保护 2.0 标准，在法律法规、标准要求、安全体系、实施环节等方面都有了"变化"。

1. 法律法规变化

从条例法规提升到了法律层面。等级保护 2.0 标准的政策支持从之前的条例法规提升到了法律层面。《中华人民共和国网络安全法》第二十一条要求，国家实行网络安全等级保护制度；第五十九条明确规定，网络运营者不履行本法第二十一条、第二十五条规定的网络安全保护义务的，由有关主管部门责令改正，给予警告；并根据情况给予处罚。

2. 标准要求变化

等级保护 2.0 标准在对等级保护 1.0 标准基本要求进行优化的同时，针对云计算、物联网、移动互联网、工业控制、大数据新技术提出了新的安全扩展要求，并针对新的安全形势提出了新的安全要求，标准覆盖度更加全面，安全防护能力有很大提升。

3. 安全体系变化

等级保护 2.0 标准依然采用"一个中心、三重防护"的理念，从等级保护 1.0 标准被动防御的安全体系向事前预防、事中响应、事后审计的动态保障体系转变。

建立安全技术体系和安全管理体系，构建具备相应等级安全保护能力的网络安全综合防御体系，开展组织管理、机制建设、安全规划、通报预警、应急处置、态势感知、能力建设、监督检查、技术检测、队伍建设、教育培训和经费保障等工作。

4. 实施环节变化

在等级保护定级、备案、建设整改、等级测评、监督检查的实施过程中，等级保护 2.0 标准进行了优化和调整。

定级对象的变化：等级保护 1.0 标准的定级对象是信息系统，等级保护 2.0 标准的定级对象扩展至基础信息网络、工业控制系统、云计算平台、物联网、使用移动互联技术的网络、其他网络，以及大数据等多个系统平台，覆盖面更广。

定级流程的变化：等级保护 2.0 标准不再自主定级，而是通过"确定定级对象→初步确定等级→专家评审→主管部门审核→公安机关备案审查"这种线性的定级流程定级，系统定级必须经过专家评审和主管部门审核才能到公安机关备案，整体定级更加严格。

相较于等级保护 1.0 标准，等级保护 2.0 标准测评周期、测评结果评定有所调整。

等级保护 2.0 标准要求，第三级以上的系统每年开展一次测评，测评达到 70 分以上才算基本符合要求。基本分高了，要求更加严格。

7.2 等级保护责任分工

在等级保护工作中，涉及运营单位、安全服务商、等级保护测评机构、主管部门、公安机关5个主要的角色。其中运营单位是等级保护工作中的责任方，在很多工作实践中，由于运营单位的人员技术能力和对等级保护的理解不足，会引入安全服务商为运营单位提供安全咨询服务，协助客户完成等级保护合规工作。等级保护有五个规定动作，包括系统定级、系统备案、建设整改、等级测评和监督检查，各角色在不同工作阶段的分工通过表格的方式展现得更加清晰明了（见表7-1）。

表 7-1　等级保护各角色在不同工作阶段的工作分工表

分工角色	系统定级	系统备案	建设整改	等级测评	监督检查
运营单位	初步确认信息系统安全保护等级	准备备案资料到当地公安机关备案，拿到备案证明	建设符合等级要求的安全技术体系和管理体系	准备和接受测评机构测评	接受公安机关的定期检查
安全服务商	协助运营单位准备定级报告，并组织专家评审	协助运营单位准备备案资料	协助运营单位进行现状差分、安全规划、整改设计、安全产品采购、系统加固和制定安全管理制度	协助运营单位参与等级测评过程并进行整改	协助运营单位接受检查和进行整改
等级保护测评机构	—	—	—	测评机构对系统等级符合性状况进行测评	
主管部门	出具定级审核意见	—	—	—	主管部门对运营单位进行安全监督检查
公安机关	—	当地公安机关审核受理备案材料	—	—	公安机关监督检查运营单位开展等级保护工作

7.3 等级保护合规依据

等级保护的合规依据主要如下：

（1）《中华人民共和国网络安全法》；

（2）《中华人民共和国计算机信息系统安全保护条例》（国务院第 147 号令）；

（3）《国家信息化领导小组关于加强信息安全保障工作的意见》（中办发〔2003〕

27 号）；

 （4）《关键信息基础设施安全保护条例（征求意见稿）》；

 （5）《网络安全等级保护条例（征求意见稿）》；

 （6）《信息安全等级保护管理办法》（公通字〔2007〕43 号）；

 （7）《计算机信息系统安全保护等级划分准则》（GB/T 17859—1999）；

 （8）《信息安全技术　网络安全等级保护定级指南》（GB/T 22240—2020）；

 （9）《信息安全技术　网络安全等级保护基本要求》（GB/T 22239—2019）；

 （10）《信息安全技术　网络安全等级保护实施指南》（GB/T 25058—2019）；

 （11）《信息安全技术　网络安全等级保护安全设计技术要求》（GB/T 25070—2019）；

 （12）《信息安全技术　网络安全等级保护测评要求》（GB/T 28448—2019）；

 （13）《信息安全技术　网络安全等级保护测评过程指南》（GB/T 28449—2018）；

 （14）《信息安全技术　信息系统安全管理要求》（GB/T 20269—2006）；

 （15）《信息安全技术　信息安全风险评估规范》（GB/T 20984—2007）。

7.4　等级保护合规工作

  在信息系统建设过程中，实行网络安全等级保护，本质上就是要明确重点、确保重点。首先，明确重点，对于政府而言，这个重点就是那些关系国家安全、经济命脉、社会稳定的基础网络和重要信息系统；对于企业而言，也应根据实际确定自己的保护重点。其次，在系统定级的基础上，还要综合平衡信息安全风险和建设成本，进一步确定重点保护部位，将优先的资源用到最急需、最核心的地方，根据安全等级进行建设和管理，确保核心系统安全。最后，实行等级保护要坚持从实际出发。我国的信息化发展不平衡，城市之间差异较大，不同部门、不同城市地区信息化所处的发展阶段不同，开展的业务服务也不同，面临的信息安全风险和信息安全需求也不一样。因此，在信息安全保障中要从实际安全需求出发，不能片面追求"绝对安全"搞不计成本的安全，也不能搞"一刀切"全部一个模式。必须区分轻重缓急，根据不同等级、不同类别、不同阶段，突出重点，将有限的资源用到最亟须保障的地方，解决当前面临的主要威胁和存在的问题，有效体现"适度安全、重点保护"的目的。

  在开展信息系统安全等级保护建设实施过程中，应该依据标准文件，有计划地开展网络安全等级保护工作。在对重要业务信息系统进行网络安全等级保护建设工作的前期准备阶段，应首先了解并掌握《计算机信息系统安全保护等级划分准则》（GB/T 17859—1999）和《信息安全技术　信息系统安全等级保护实施指南》（GB/T 25080—2010）两部标准。前者是强制性国家标准，是等级保护和其他各项标准制定的基础；后者为等级保护建设工作提供了方法指导，阐述了在系统建设、运维和废止等各个生命周期阶段如何按照网络安全等级保护政策、标准要求实施等级保护工作。

  在信息系统的等级保护定级阶段，应参照《信息安全技术　网络安全等级保护定级指南》（GB/T 22240—2020）。此标准规定了定级的依据、对象、流程、方法及等级变更等内容，指导开展信息系统定级工作。

在信息系统的等级保护安全建设/整改阶段，应参照以下几部标准，以便详尽地挖掘信息安全需求。首先是《信息安全技术　网络安全等级保护基本要求》（GB/T 22239—2019），此标准是在《计算机信息系统安全保护等级划分准则》（GB/T 17859—1999），以及各类技术类标准、管理类标准和产品类标准的基础上制定的，给出了各级信息系统应当具备的安全防护能力，并从技术和管理两个方面提出了相应的措施。其次是《信息安全技术　网络安全等级保护安全设计技术要求》（GB/T 25070—2019），此标准提出了信息系统等级保护安全设计的技术要求，包括安全计算环境、安全区域边界、安全通信网络、安全管理中心等各方面的要求。另外，还有 GB/T 20271—2006《信息安全技术　信息系统通用安全技术要求》，此标准主要从信息系统安全等级保护划分的角度，说明为实现《计算机信息系统安全保护等级划分准则》（GB/T 17859—1999）中每一个安全等级保护的安全功能要求应采取的安全技术措施，以及各安全等级保护的安全功能在具体实现上的差异。同时，还可参考管理方面的两部标准：《信息安全技术　信息系统安全管理要求》（GB/T 20269—2006）对信息和信息系统的安全保护提出了分等级安全管理的要求，阐述了安全管理要求及强度，并将管理要求落实到网络安全等级保护所规定的 5 个等级上；《信息安全技术　信息系统安全工程管理要求》（GB/T 20282—2006）规定了信息安全工程的管理要求，是对信息安全工程中所涉及的需求方、实施方案与第三方工程实施的指导性文件。

在信息系统的等级保护测评阶段，应参照《信息安全技术　网络安全等级保护测评要求》（GB/T 28448—2019）和《信息安全技术　网络安全等级保护测评过程指南》（GB/T 28449—2018）这两部标准指导等级测评工作的实施。前者阐述了等级测评的原则、测评内容、测评强度、单元测试、整体测评、测评结论的产生方法等内容；后者阐述了信息系统等级测评的过程，包括测评准备、方案编制、现场测评、分析与报告编制等各个活动的工作任务、分析方法和工作结果等。

7.5　工作重点

黄队在安全合规阶段的工作重点如下。

第一阶段——资产梳理、定级备案阶段：梳理信息系统的资产、业务流程、主管部门和重要程度等基本信息，根据确定等级保护定级对象及等级保护 2.0 标准定级流程进行定级。

第二阶段——差距分析阶段：根据等级保护 2.0 标准的基本要求，对等级保护定级对象进行差距分析，找出等级保护定级对象与相应安全等级的差距，为后续整改提供依据。

第三阶段——建设整改阶段：通过安全产品部署、安全技术加固、应用系统整改、安全管理优化等方式，对安全问题进行整改加固。

第四阶段——等级测评阶段：对整改结果进行复核，并由测评机构进行等级保护测评，完成整个等级保护工作流程。

等级保护工作流程如图 7-1 所示。

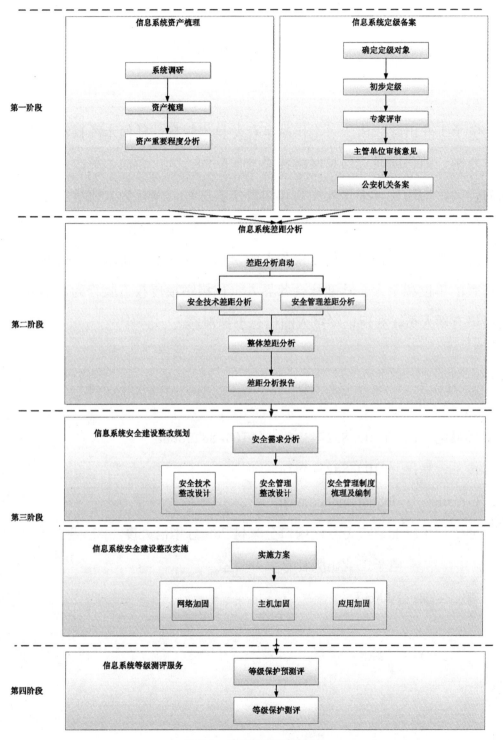

图 7-1　等级保护工作流程

反侵权盗版声明

电子工业出版社依法对本作品享有专有出版权。任何未经权利人书面许可，复制、销售或通过信息网络传播本作品的行为；歪曲、篡改、剽窃本作品的行为，均违反《中华人民共和国著作权法》，其行为人应承担相应的民事责任和行政责任，构成犯罪的，将被依法追究刑事责任。

为了维护市场秩序，保护权利人的合法权益，我社将依法查处和打击侵权盗版的单位和个人。欢迎社会各界人士积极举报侵权盗版行为，本社将奖励举报有功人员，并保证举报人的信息不被泄露。

举报电话：（010）88254396；（010）88258888

传　　真：（010）88254397

E-mail： dbqq@phei.com.cn

通信地址：北京市万寿路南口金家村 288 号华信大厦

　　　　　电子工业出版社总编办公室

邮　　编：100036